JN217260

コンパイラ 作りながら学ぶ

中田 育男［著］Ikuo Nakata

COMPILER

まえがき

本書はコンパイラをわかりやすく解説した入門書である．

ソフトウェアは依然として経験と勘に頼って作られることが多いが，その中でコンパイラは最も理論的によく研究されており，それが実際のコンパイラの作成にも生かされている．本書では，その基本的な理論を，コンパイラの技法と対応させてわかりやすく解説したつもりである．

コンパイラは結構複雑なシステムでもある．その全体像を把握したり，理論と実現法との関係や実際にコンパイラを作製する際に必要になるこまごましたテクニックなどを理解するためには，小さなものであっても1つの具体的なコンパイラを完全に理解するのがよい．そのようなコンパイラの例としては，Wirth の PL/0 コンパイラ（参考文献［Wirth 76］）が有名である．PL/0 は小さな言語ではあるが，コンパイラが簡潔に要領よく書かれていて，コンパイラの教育用としてよく使われている．

筆者もコンパイラの講義の中でしばしばそれを参照していたが，PL/0 の言語の機能としては関数も引数付きの手続きもないので例題が少し書きにくいし，コンパイラが Pascal で書かれていて，重要な変数がすべてグローバルな変数として宣言されておりどこからも見えてしまうので危険である，といった問題があるのが気になっていた．そこで本書では，PL/0 言語の引数なしの手続きの代わりに引数付きの関数を使えるようにした言語を考え（それを PL/0′ と名付けた），そのコンパイラを C 言語で記述したものを載せることにした．そこでは，ソースプログラムを読み込んで字句解析する部分，記号表を扱う部分，目的プログラムを扱う部分はそれぞれ独立したモジュールとして書かれている．

本書は，大学の情報処理関連学科でのテキストとして使われることを考え，筆者が長年講義してきた経験から，ちょうど一学期で講義できる程度の内容にしている．付録には上記の PL/0′ コンパイラの全リストを載せ，本文ではそのコンパイラを理解するために必要な理論を解説している．

そのコンパイラの構文解析の方式は，直感的に最もわかりやすい再帰的下向き構文解析を使っているので，構文解析の技法についてはそれを重点に解説し，より適用範囲は広いが方式が複雑であるLR構文解析については説明していない†．

また，本コンパイラの生成する目的コードは，通常のマシンの機械語コードではなく，スタックを持った仮想マシンで実行される後置記法（逆ポーランド記法）型のコードである．本書では，スタックについては詳しく解説しているが，通常の機械語の目的コードを生成する方法や最適な機械語コードを生成する技法には触れていない．それらは，本書によってコンパイラの概略を理解した後，別のテキスト（参考文献［中田09，Aho 07など］）で勉強してほしい．

一般に，コンパイラのエラーメッセージにはわかりにくいものが多いが，本コンパイラでは，エラーメッセージの出し方に新しい工夫をしている．筆者は，下手なエラーメッセージを出すよりも，与えられたソースプログラムをコンパイラがどのように解釈したかを示すほうがユーザにとってはわかりやすいと考えて，その解釈をプログラムリストの中での字体（フォント）の選択で示すことにした．また，コンパイラが読み捨てた文字や，エラーを修正するために挿入した文字も示すことにした．これらの種々のフォントを出力するシステムとしては，広く使われているLaTeXを使っている．したがって，本コンパイラの出力を印字するためにはLaTeXの処理系が必要であり，その処理系のない場合は，通常のエラーメッセージを出力するように修正する必要がある．その修正方法は，本コンパイラのリストの中にコメントとして書かれている．

本書の構成は以下のようになっている．

第1章では，コンパイラの定義とコンパイラの種々の実現法を直観的にわかりやすい記法を使って説明する．

第2章では，まず基礎知識として，後置記法とスタックの説明をし，次に，コンパイラの働きの大筋を理解してもらうために1つの代入文がコンパイルされる道筋を説明し，コンパイラの論理的構造と物理的構造，およびそれらの各要素の概略を説明する．

第3章では，言語の構文を定義する記述法として，バッカス記法と構文図式を

† 改訂にあたり，最後の章で簡単な説明を加えた．

説明し，さらに文法と言語と解析木の形式的な定義を与える．最後に，1つの例としてPL/0′の文法を与える．

第4章では，コンパイラの行う解析の最初の部分にあたる字句解析のプログラムを作り出す方法として，字句の定義を正規表現で表現したものからその字句を読み取る有限オートマトンを作成する方法を述べる．また，実際のコンパイラの字句解析プログラムでの問題として，浮動小数点定数の読み取りプログラムとコメントの読み取りプログラムを取り上げる．それに関連して，文字列のパターンマッチングのアルゴリズムとして有名なKnuth–Morris–Prattのアルゴリズムが同様の方法で生成できることにも触れる．最後に，PL/0′の字句解析プログラムを載せる．

第5章では，再帰的下向き構文解析について，その理論と，与えられた文法から構文解析プログラムを生成する方法を説明し，最後に，PL/0′の構文解析プログラムの概要を述べる．

第6章では，意味解析で中心的な役割を演ずる記号表について，その構成法や探索法を説明し，PL/0′の記号表について触れる．

第7章では，原始プログラムに誤りがある場合のコンパイラの対処の仕方を述べる．また，PL/0′コンパイラでエラーメッセージの代わりにとった方法（プログラムリストの字体（フォント）の選択で示す方法）を例題を使って説明する．

第8章では，コンパイラの目的コードを実行する仮想マシン，目的コード（仮想マシン語コード）への変換の方法，目的コードの実行法（仮想マシンの通訳系）などの一般的な説明をする．最後に，PL/0′マシン（PL/0′のための仮想マシン）を説明し，原始プログラムと目的コードとの対応の例を示す．

付録には，PL/0′コンパイラのモジュール構成の説明と全リストを載せてある．

以上は1995年6月に出版した「新コンピュータサイエンス講座 コンパイラ」のまえがきである（一部，文献などは見直した）．本書は，この本の改訂版である．

改訂にあたっては，独習者の利便を考え，例題や演習問題を増強し，解答もより詳しくした．さらに，コンパイラについてより詳しく，より最近の技術について学ぶための指針を最後に第9章として付け加えている．また，参考文献としてあげられているもので，すでに古くなっているものは新しいもので置き換え，さらに新しい技術を学べる文献を追加した.

また，本書の旧版を教科書として使っていただいている東京学芸大学の宮寺庸造先生のご意見に従って，LL 構文解析の動作例を付け加え，追加した章に LR 構文解析の動作例を加えている.

最後に，本書の執筆の機会を与えていただいた旧講座の編集委員長をはじめとする各位と，改訂版に対するご意見をいただいた宮寺庸造先生，改訂版のお世話をいただいたオーム社の方々に深く感謝する.

2017 年 9 月

中　田　育　男

本書の最後にある PL/0′ コンパイラのソースプログラムなどはインターネットでも見ることができるようになっています.

オーム社 書籍連動/ダウンロードサービス

http://ohmsha.co.jp/data/link/bs01.htm

そこには本書に関する新たな情報も適宜掲載されます. PL/0′ コンパイラの出力を LaTeX 形式でなく，インターネットのブラウザーで見る html 形式にするバージョンも掲載されています. 後者の出力ではエラーに関する情報を色付きで見ることができます.

目　次

4章 字句解析

5章 下向き構文解析

6章　意味解析

7章　誤りの処理

8章　仮想マシンと通訳系

I
コンパイラの概要

コンパイラは高級言語で書かれたプログラムを機械語のプログラムに変換するものである．ここでは，コンパイラとそれに関連する用語の定義を与える．主な用語は，コンパイラ，原始プログラム，目的プログラム，原始言語，目的言語，変換系，インタプリタ（通訳系），前処理系などである．それらの関係は，直観的にわかりやすい図式記法を使って説明する．変換系（Translator）はT型図式，インタプリタ（Interpreter）はI型図式で表現できる．

1.1 コンパイラとは

コンパイラ（compiler）とは，高級プログラム言語（higher level programming language）で書かれたプログラムを，機械向き言語（machine oriented language）のプログラムに，翻訳するためのプログラムである．

高級プログラム言語の「高級」は，機械語などのプログラム言語よりは高級という意味であり，1950年代の計算機（コンピュータ）の黎明期に，初めてFORTRANのような言語が開発されたときに付けられた名前である．現在では，機械語のレベルでプログラムを書くことは稀になってしまったから，「高級」という言葉を使う意味はほとんどないのであるが，機械向き言語と区別するためにそれを使うことにする．

機械向き言語とは，機械語などのように計算機での実行に適した言語という意味である．それに対して，それよりもプログラムしやすいという意味で，高級プログラム言語は人間向き言語ということもできる．コンパイラは，人間にわかりやすい言語で書かれたプログラムを，計算機で実行しやすい形に変換するソフトウェアである．計算機が実行しやすいのはもちろん機械語のプログラムであるが，計算機は，一般には，特定のプログラム言語向きに設計されているわけではないので，機械語のプログラムに変換するのは必ずしも容易ではない．もし，高級プログラム言語に都合よく設計された計算機があれば，その機械語への変換は容易になるであろう．そこで，実際の計算機の上にソフトウェアでそのような計算機（これを仮想計算機（virtual machine）と呼ぶ）を作成し，コンパイラは，その仮想計算機の機械語に変換するという方法もある．機械向き言語には，このような機械語も含まれる．

一般に，ある言語で書かれたプログラムを他の言語のプログラムに変換するためのプログラムを**変換系**（translator）と呼ぶ．変換の対象となるもとの言語を原始言語（source language），もとのプログラムを原始プログラム（source program）と呼び，変換後の言語を目的言語（object language または target language），変換して得られたプログラムを目的プログラム（object program または target program）と呼ぶ．コンパイラは高級プログラム言語を原始言語とし，機械向き言語を目的言語とする変換系である．コンパイラを翻訳系と呼ぶこともある．

変換系における各種言語の関係を直観的に表現するために，ここでは以下の記法を用いる．

言語 DL で書かれ，機能 f を持ったプログラムを示す．

このプログラムに対する入力データは左に，出力データは右に書くことにする．図に示すと次のようになる．

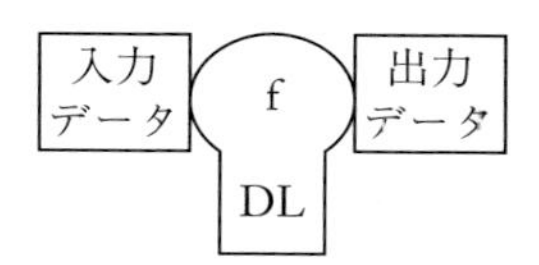

DL は記述言語（description language）と呼ばれる．計算機で直接実行可能なプログラムは，その計算機の機械語で書かれたプログラムである．ある計算機の機械語を M としたとき

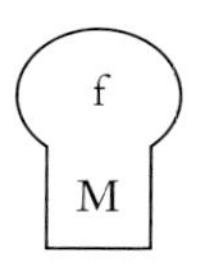

が，その計算機で直接実行可能なプログラムである．

変換系は，変換という特殊な機能を持ったプログラムである．それを Translator の頭文字 T の形をした次の記号で表すことにする．

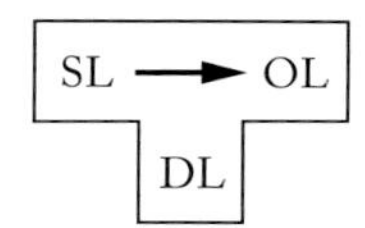

原始言語を SL，目的言語を OL とする変換系であり，それが記述言語 DL で書かれている．

機械語 M の計算機で動く Fortran コンパイラは，Fortran を F と略記すると

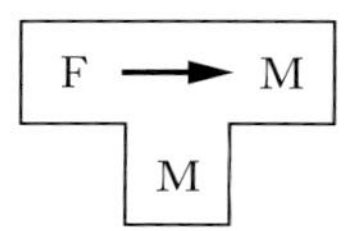

となる．このコンパイラに対して，入力として，Fortran プログラム

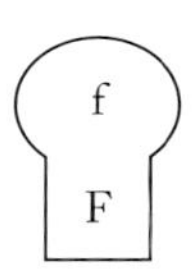

を与えると

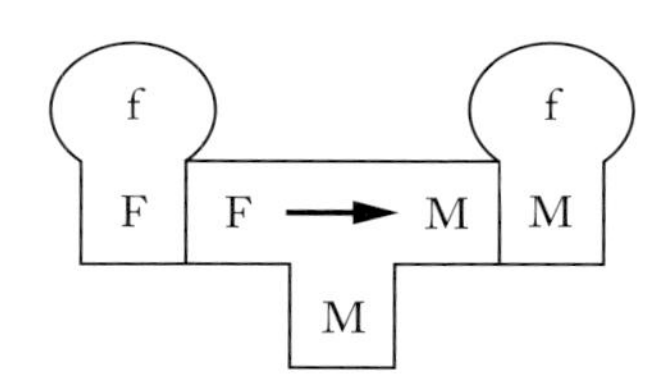

なる変換によって，出力の目的プログラムとして，実行可能なプログラムを得る．すなわち，F → M なる変換によって

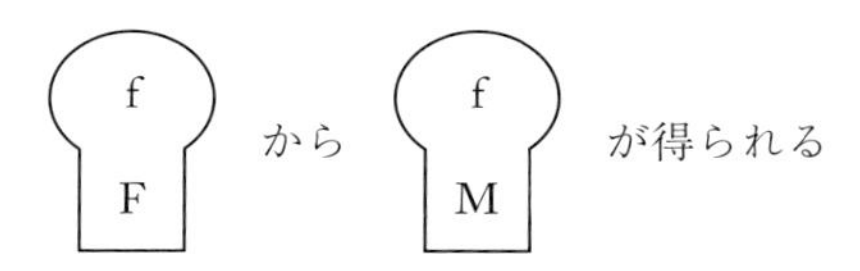

のである．この目的プログラムを実行する様子は次のように表される．

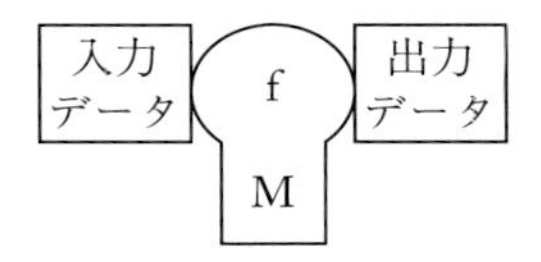

1.2　変換系と通訳系

原始プログラムを実際の計算機の機械語に変換するのでなく，原始言語に都合のいい仮想マシンを考えて，その仮想マシンの機械語に変換し，それを解釈実行（interpret）するシステムもある．仮想マシンの機械語は，原始言語と実際の計算機の機械語の中間に位置する言語であるので，中間語（intermediate language）とも呼ばれる．解釈実行を行うプログラムは**インタプリタ**（interpreter）と呼ばれる．これは通訳系とも呼ばれる．インタプリタ自身はプログラムであるから，それはある記述言語で書かれている．言語 L のプログラムのインタプリタが言語 DL で書かれているとき，それを，Interpreter の頭文字 I の形を使って

L
DL

で表現することにする．仮想マシンの機械語を VL としたとき，その仮想マシン用の目的プログラム

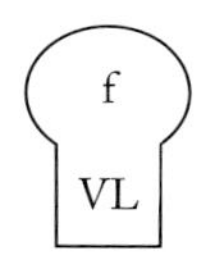

を実行するためには，次のようなインタプリタがあればよい

VL
M

実行する様子は次の図で表される．

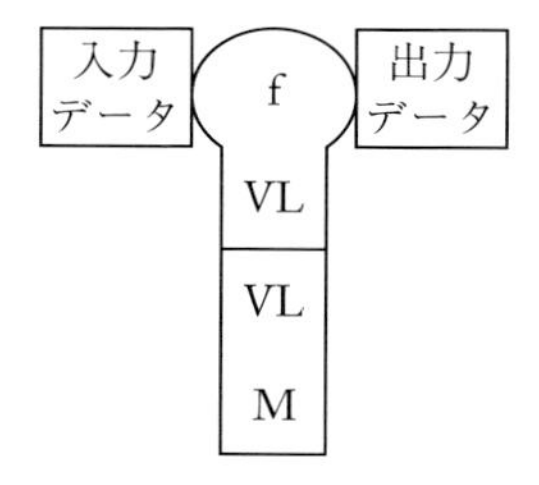

BASIC（B と略記する）のプログラムがこのような仮想マシンの目的プログラムにコンパイルされ，インタプリタによって実行される様子は次図で表現できる．

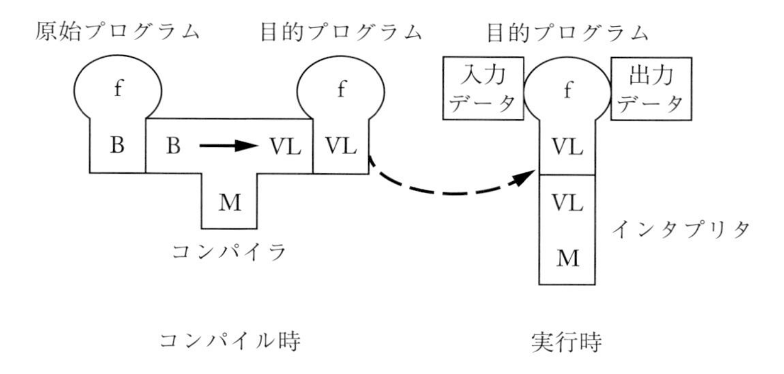

このような方式は，コンパイラ・インタプリタ方式とも呼ばれる．この方式の利点は，コンパイラの開発が簡単になることである．インタプリタも開発する必要があるが，それは，コンパイラに比べればずっと容易である．この方式の欠点は，目的プログラムの実行速度が遅いことである．

この方式の場合は，コンパイラのほかに実行のためのインタプリタが必要である．機械語の目的プログラムに変換する場合でも，その実行には，入出力ルーチンや組み込み関数ルーチンのような，何らかの実行時ルーチンが必要である．このように原始プログラムのコンパイルから実行までに必要なすべてのシステムを合わせたものを言語処理系（language processor）または，単に処理系（processor）と呼ぶ．コンパイラという言葉でこの処理系を意味することもある．

原始プログラムのレベルで前処理的な変換を行う変換系を前処理系（preprocessor）という．たとえば，C++ 言語の原始プログラムを C 言語のプログラムに変換し，続いて，C 言語コンパイラによって目的プログラムに変換するシステムでは，C++ から C への変換系が前処理系である．それを図に示せば次のようになる．

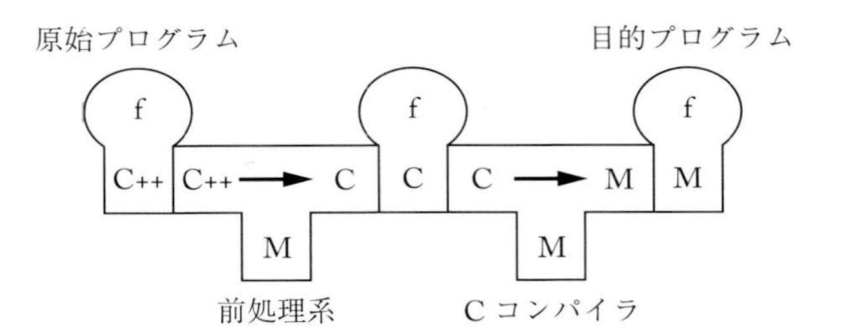

本書の付録には，PL/0′ という小さなプログラム言語の，コンパイラ・インタプリタ方式の処理系のプログラムが載せてある．それは，C 言語で書かれている．この処理系をある計算機で動かすためには，その計算機の C コンパイラがあればよい．PL/0′ の処理系は，次のようにして得られる．

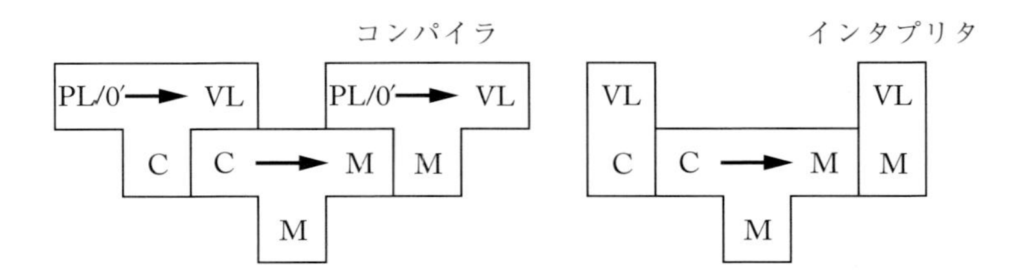

演習問題

1．あるマシン M_1 で動くコンパイラで，別のマシン M_2 で動く目的コードを生成するコンパイラはクロスコンパイラと呼ばれる．言語 L のクロスコンパイラによってあるプログラムがコンパイルされる様子を本章の記法を使って書け．

2．原始言語を L とし，仮想マシン語 VL を目的言語とするコンパイラ自身がその仮想マシン語で書かれていれば，実マシン M 上で L 言語の処理系を実現するためには，VL のインタプリタだけを作成すればよい．その処理系によって処理される様子を本章の記法を使って書け．

2
コンパイラの簡単な例

ここでは，コンパイラの働きの大筋を説明する．その説明に入る前の準備として，「ab＋」のように式の演算子を後ろに置く後置記法を説明し，コンパイラの内部でしばしば使われるスタックの原理を解説する．次に，1つの代入文がコンパイルされる具体例を通してコンパイラの道筋を説明し，その後で，一般的なコンパイラの構造として，字句解析，構文解析，中間語作成，最適化，コード生成などからなるコンパイラの論理的構造と，ワンパスコンパイラや複数パスコンパイラなどの物理的構造を説明する．

2.1 後置記法

コンパイラの簡単な例の説明に入る前に，その例で使われる後置記法（postfix notation）の説明をする．後置記法は演算子を後ろに置く記法である．通常の算術式では，a と b の加算は

a＋b

のように，演算子の「＋」を中に置く形である．この記法は，中置記法（infix notation）と呼ばれる．これに対して，後置記法では

ab＋

のように演算子が後ろに置かれる．反対に

＋ab

のように演算子を前に置く記法は，前置記法（prefix notation）と呼ばれる．

前置記法はポーランドの人が考えだした記法であるので，**ポーランド記法**（Polish notation）と呼ばれる．後置記法は，演算子の位置が逆であるので，**逆ポーランド記法**（reverse Polish notation）と呼ばれる．しかし，コンパイラの中でよく使われるのは後置記法であるので，後置記法のことを単にポーランド記法

と呼んでしまうことも多い．

後置記法のことを，日本語記法と呼ぶ人もいる．日本語では動詞が最後にくる点が，後置記法と同じであるからである．

ab＋

は，「aにbを加える」と読むことができる．

もう少し複雑な式，たとえば

a＊b＋c＊d＋e＊f

の後置記法での表現は

ab＊cd＊＋ef＊＋

となる．これは

((ab＊)(cd＊)＋)(ef＊)＋

のように，括弧を付けてみるとわかりやすい．まず，aとbを掛け，cとdを掛け，（その2つを）加え，次に，eとfを掛けたものを（いままでのものに）加える，と日本語式に読むことができる．この読み方からもわかるように，後置記法の式の値を求めるためには，その式を，左から右に順に計算していけばよい．中置記法ではそうはならない．たとえば，上の式の

＋c＊d

の部分を考えてみると，右の掛け算をしてから，左の加算をすることになるが，後置記法では

cd＊＋

のように，掛け算と加算の演算子が計算される順に並んでいる．しかも，演算数は演算子より左にあるから，左から計算していけば，必要な演算数はいつでもちゃんと先に計算されていることになる．たとえば

cd＊

は，「cの値を取り出し，dの値を取り出し，その2つを掛ける」と読むことができるし

ab＊cd＊＋

の加算をする場合は，aとbを掛けたものと，cとdを掛けたものは先に計算されている．

もうおわかりと思うが，上のような後置記法の性質は，計算機で計算するときに都合がよい．計算機は後置記法の式の各項目を，並んでいる順番に計算すれば

よいのである．ただし，通常の計算機の機械語は必ずしもそれにぴったりとはいえない．そこで，後置記法の式をそのまま計算するのに適した仮想的な計算機を，1章で述べた目的計算機とすることがよく行われる．その計算機はスタックを使って後置記法の式の計算をするのであるが，その詳細は次の節で述べる．

通常の中置記法の式を後置記法の式に変換するのはむずかしくない．そのことが，後置記法に適した仮想計算機を目的計算機とするもう1つの理由である．この変換の方法は次のように考えればよい．

一般に，通常の中置記法の式は次の形をしている．

　　式1　演算子　式2

ここで，式1，式2はまたそれぞれ中置記法の形をしている．簡単な場合は，それらは，上の例のaやbのように1つの演算数だけからなる．いま，この中置記法の式を後置記法に変換した結果を

　　P(式1　演算子　式2)

と書くことにすると，これは

　　P(式1)P(式2)演算子

に等しい．すなわち，式1の後置記法に続いて式2の後置記法があり，最後に演算子がある形である．式が1つの演算数だけからなる場合は，中置記法と見ても，後置記法と見ても同じであるから，それも含めてまとめると

　　P(式1　演算子　式2)　=　P(式1)P(式2)演算子　　　　(2・1)
　　P(演算数)　=　演算数　　　　(2・2)

となる．これは，中置記法の式を後置記法の式に変換するアルゴリズムを表現していると考えることもできる．

　　a*b+c*d

にこれを当てはめてみると

　　P(a*b+c*d)　=　P(a*b)P(c*d)+
　　　　　　　　=　P(a)P(b)*P(c)P(d)*+　=　ab*cd*+

となる．

中置記法の式を入力として，後置記法の式を出力とするプログラムでは，演算数を入力（認識）したときは，それをそのまま出力し（上記の式(2･2)による）

　　式1　演算子　式2

を認識したときは，その演算子だけを出力すればよい．それまでに，式1の後置

記法と式2の後置記法が出力されていれば，ここでは演算子を出力するだけで，この式全体の後置記法が出力されたことになることが上記の式(2･1)で保証されているからである．

2.2　スタック

スタック（stack）は「積み重ね」という意味である．コンパイラの中では，スタックがいろいろなところで使われる．スタックとは，後に入れたものほど先に取り出される（Last–In First–Out）仕掛けである．ちょうど，棚に物を積んでそれを降ろすときのように，後から積んだものが先に降ろされるので，棚と呼ばれることもある．

スタックは入れ子になった括弧構造を解析するのに向いている．たとえば

(((）()）(()))

において，どの左括弧と，どの右括弧が対応しているかを解析するためには，この括弧の列を左から調べていって，左括弧であったらそれをスタックに積み，右括弧であったらそれをスタックの先頭の左括弧（スタックに残っている左括弧の中で，最後に積んだ左括弧）と対応させ，その左括弧をスタックから降ろせばよい．対応の結果を示すために，ここでは左括弧に順に番号を付け，それに対応する右括弧に同じ番号を付けることにする．この解析の様子を図に示すと次のようになる．

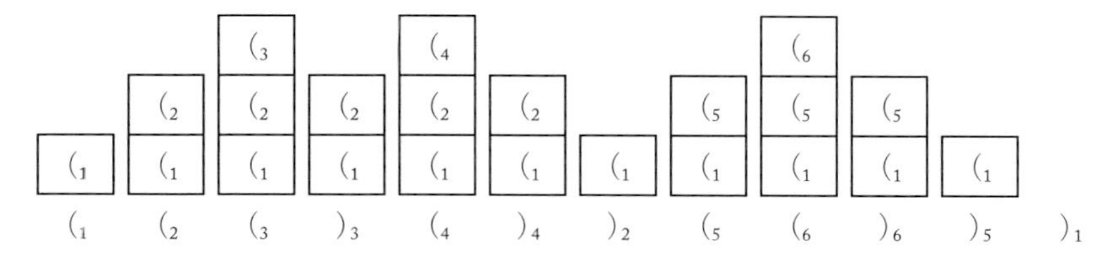

この図は，左から順に，最初に $(_1$ を読んでスタックに積み，次に $(_2$ を読んでスタックに積み，次に $(_3$ を読んでスタックに積み，次に読んだ) を $(_3$ に対応させて $)_3$ として，その $(_3$ をスタックから降ろす，といった操作を表している．

この括弧構造は次のような木構造と見ることもできる．

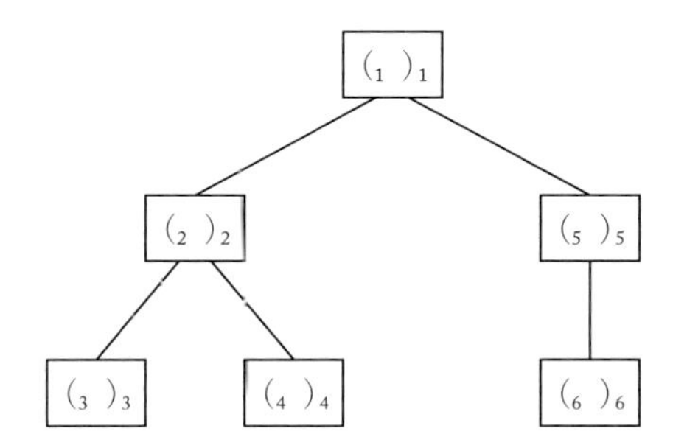

すなわち，スタックは木構造を解析するのに適しているということもできる．スタックは，上記のように括弧の列を解析して木構造を作るのにも使えるだけでなく，このような木構造が与えられたとき，それをたどるときにも使える．すなわち，木構造の**根**（root）からたどり始めたとき，現在どこにいるかは根からそこに至る途中の節をスタックに積んで置くことによって表現できる．たとえば，この木を

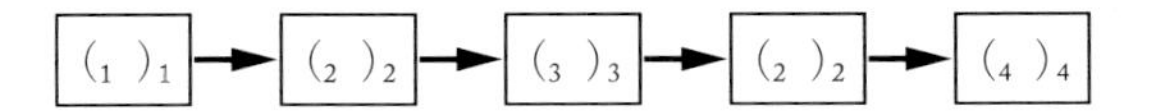

とたどるのは，スタックを使えば次のように表現できる．

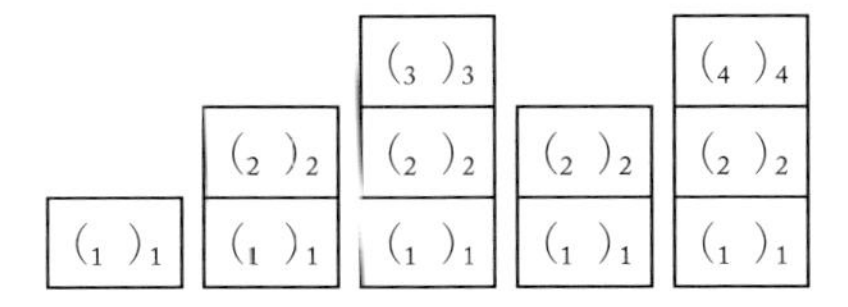

木構造をたどる標準的な方法は，上記のように根から葉（上から下）で左から右の順である．この場合，それを矢印で表現すると次のようになる．

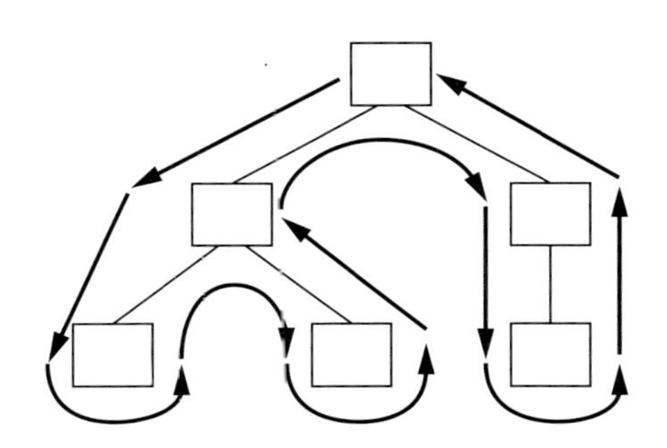

ここで，式の木構造と前置記法，後置記法との関係を考えてみよう．上記の標準的なたどり方をしたとき，木構造の1つの節は一般には次のように3回訪問される．

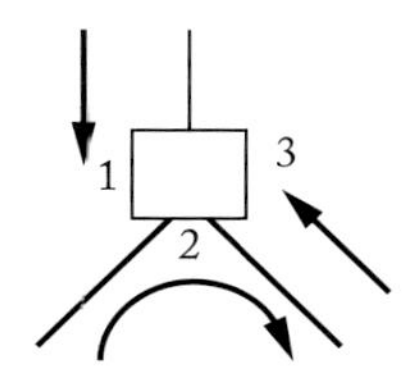

式の木構造に対して，この3回目の訪問のときに節の内容を出力すると後置記法が得られ，1回目の訪問のときに出力すると前置記法が得られる．そのことは，前節の式

P(式1　演算子　式2)　=　P(式1)P(式2)演算子　　(2・3)

P(演算数)　=　演算数　　(2・4)

を木構造に当てはめてみるとわかる．すなわち

式1　演算子　式2

が

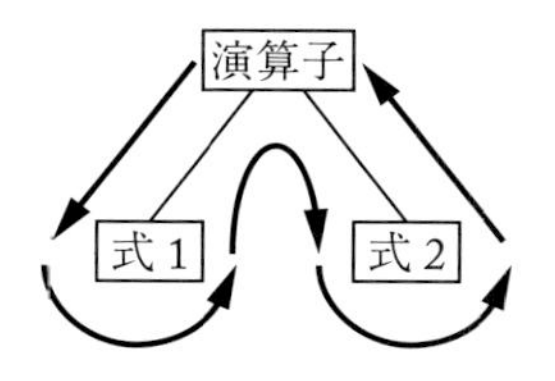

という木を表しているとすれば，この木に対する後置記法は，式1と式2をたどることによってそれぞれの後置記法をその順に出力してから最後に演算子を出力することによって得られることを式(2・3)は示している．

たとえば

a＊b＋c＊d

に対する構文木

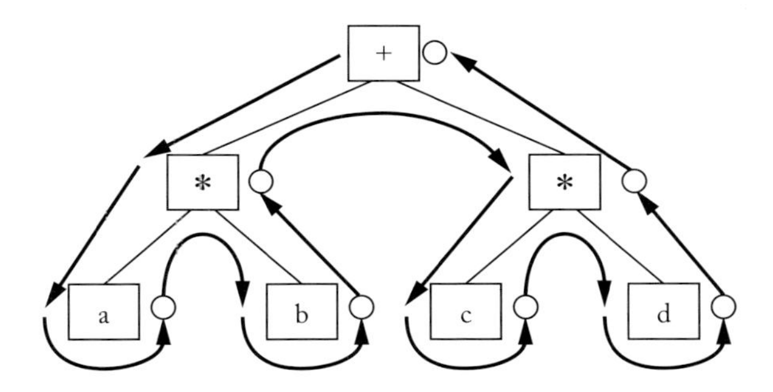

からは，丸印の位置でその内容を出力することによって

ab＊cd＊＋

が得られる．

後置記法の式の計算にもスタックを利用できる．後置記法の式も括弧構造をしていると考えられるからである．たとえば

35＊26＊＋

は

((35＊)(26＊)＋)

という括弧構造をしている．すなわち，演算子に右括弧が付いていて，その左の2つの演算数（演算結果も演算数となる）の左に左括弧が付いていると思えばよい．もとの後置記法の式をスタックを使って計算すれば次のようになる．

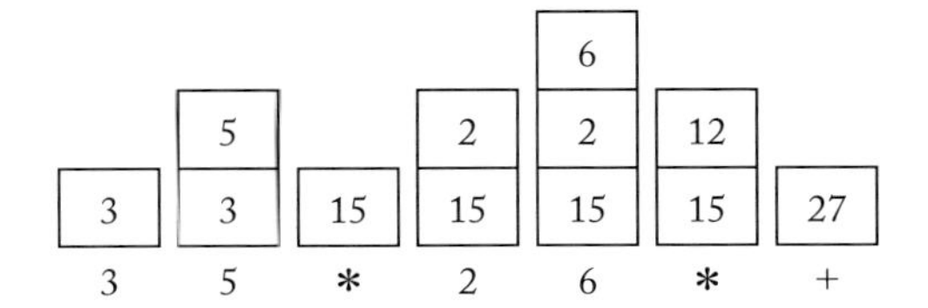

すなわち，演算数がきたらスタックに積み，演算子がきたらスタックの上2つの演算数で演算をし，その結果をスタックに積むことをすればよい．

中置記法の式を後置記法に変換するためにもスタックを利用できる．中置記法の式も括弧構造をしていると考えられるからである．その括弧構造は，たとえば

a＊b＋c＊d

に対して

((a＊b)＋(c＊d))

と考えられる．この括弧構造は次のようにして決められる．

(1)　式の左端に左括弧があり，右端に右括弧がある．

(2)　＊と＋のように異なる演算子が演算数を挟んで並んでいたら，演算の優先順位の高い演算子（＋より＊の方が高い）を囲む括弧がある．

たとえば，上の例では「＊b＋」の場合は，＊を囲む括弧があって「(＊b)＋」となり，「＋c＊」の場合も「＋(c＊)」となる．また，＊や＋の演算子は左結合性を持つ，すなわち

a＋b＋c＝((a＋b)＋c)

であり，左にある＋は，その右にある＋より優先順位は高い．

ところで，中置記法と後置記法の対応関係は，前節で次のように与えられていた．

P(式1　演算子　式2)　＝　P(式1)P(式2)演算子　　(2・5)

P(演算数)　＝　演算数　　(2・6)

したがって，中置記法の式を読んで後置記法の式を出力するアルゴリズムは次のように表現できる．

中置記法の式を左から読みながら

- 演算数を読んだらそれをそのまま出力する．
- 演算子を読んだらそれをスタックに積み，その演算子の右側の演算数（式(2･5) の中の式2）を読み終わったら，その演算子をスタックから降ろして出力する．

「右側の演算数」は一般には式であり，たとえば

a＋b＊c＋d

の場合の括弧構造は

((a＋(b＊c))＋d)

であるから，この式の最初の＋の右側の演算数は（b＊c）であり，それを読み終わったことがわかるのは，その＋より優先順位の低い2番目の＋を読んだときである．この例の場合の括弧構造と優先順位との関係を示せば次のようになる（優先順位の関係を大小関係で表す）．

最初は (a＋b＊c＋d

(＜＋により ((a＋b＊c＋d

＋＜＊により ((a＋(b＊c＋d

＊＞＋により　((a＋(b＊c)＋d

＋＞＋により　((a＋(b＊c))＋d

最後は右括弧を読んだと考え，＋＞）により　((a＋(b＊c))＋d)

以上のことから，アルゴリズムは次のようにすればよいことがわかる．

スタックに左括弧（どの演算子よりも優先順位の低い演算子）を積む．

中置記法の式を左から読みながら

- 演算数を読んだらそれをそのまま出力する．
- 演算子を読んだら，スタックの上にそれより優先順位の高い演算子があれば（あるだけ）それをスタックから降ろして出力し，読んだ演算子をスタックに積む．ただし，式の終わりになったら，右括弧（どの演算子よりも優先順位の低い演算子）を読んだことにする．

たとえば

a＋b＊c＋d

に，このアルゴリズムを適用すると次のようになる．

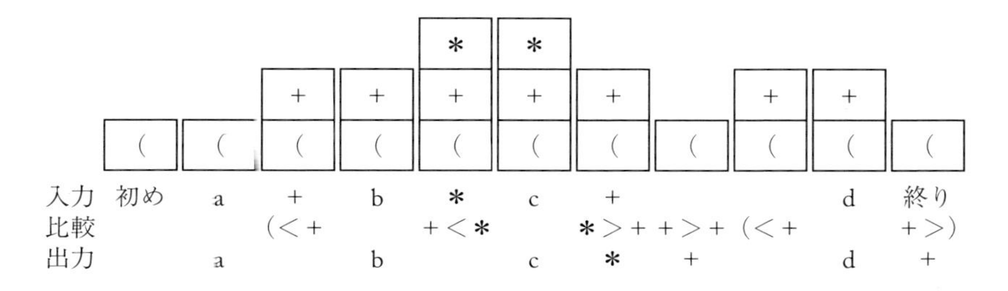

したがって，次の出力を得る．

a b c＊ +c−

2.3　簡単なコンパイラの例

コンパイラの内部構造と各部分の機能を理解するために，原始プログラムの1つの文（statement）がどのようにして目的プログラムに変換されるか追跡してみよう．ここでは，コンパイラを簡単にするために，目的計算機はスタックを持った仮想計算機とする．

例として，次のような Pascal プログラムの代入文の部分をとりあげる．

```
program example;
var abc, e3, fg: real;
begin
    abc := e3*2.56 + abc / e3;
end
```

代入記号の「:=」も演算子であると考えて，この文を後置記法に変換すると

abc e3 2.56 ＊ abc e3 / + :=

となる．このような式を計算するのに適した仮想計算機として，スタックを持ったマシンで，この式に相当する次の機械語のプログラムを実行するものがあるとする．

```
LoadAddr  100       abc
LoadValue 104       e3
LoadValue 200       2.56
Operation 5         *
LoadValue 100       abc
LoadValue 104       e3
Operation 6         /
Operation 3         +
Operation 1         :=
```

これらの機械語の意味は，これからコンパイラの動きを説明しながら説明する．

原始プログラムは通常は1つのファイルに入っている．コンパイラは，まず，そのファイルから原始プログラムの1行分ずつを文字の列として読み込み，コンパイルをしていく．

簡単のために，いま，コンパイラは，変数宣言の部分までをすでに解析して，代入文の解析にさしかかったところであるとする．変数宣言を解析した結果は，変数名，その変数の型，その変数に割り当てられた番地などの情報を集めた表（変数名表などと呼ばれる）として，コンパイラの内部に貯えられる．この場合は，次のような表になるとする．

変数名表（1）

0	abc	real	100
1	e3	real	104
2	fg	real	108

いま，コンパイルの対象となっている代入文は，次のような文字列として読み込まれている．

```
abc := e3 * 2.56 + abc / e3;
```

コンパイラは，この文字の列を左から右へと1字ずつ調べていく．初めには空白文字（ブランク）があるが，それは意味のない文字であるから読み捨てる．空白以外の最初の文字「a」を見て名前の始まりであることがわかり，続いて「b」，「c」と調べて，次の空白文字を見たところで「abc」という名前であることがわかる．この変数名を，すでに作られている変数名表で調べると，その0番目にあり，型がrealで，100番地に割り当てられていることがわかる．しかし，それらの細かい情報は後で使うことにして，ここでは，「abc」は変数名表（第1番目の表）の第0番目という意味で（1,0）という記号で表すことにする．

前節のアルゴリズムによると，ここで，「abc」を出力することになる．その結果は

出力 （1,0）

となる．

次に，「:」を見たときは，その直後の「=」も調べて「:=」という代入記号であることがわかる．これを（8,1）という記号（8は演算記号，1は演算記号としての代入を表すことにする）にして，前節のアルゴリズムに従ってスタックに積む（スタックには代入を表す1を積む）．

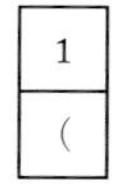

同様にして，「e3」を読んで（1,1）を出力し，「*」を読んで（8,5）という記号にしてスタックに積む．

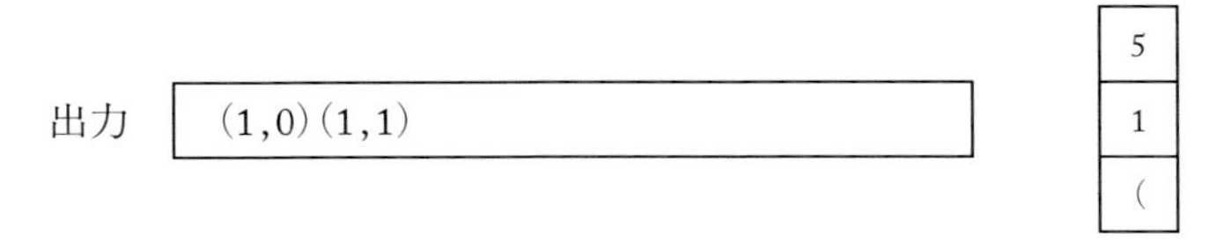

この場合，演算記号 5 の優先順位が記号 1 のそれより高いからすぐ積まれたのである．

次に「2.56」を調べたところで，これが定数であることがわかり，それを計算機の内部表現（浮動小数点表示）の数としての 2.56 に変換して定数表（第 2 番目の表）に書き込み，その記号（2,0）を出力する．なお，定数表の中の 200 は実行時にそのデータを 200 番地に置くという意味であるとする．

出力　(1,0)(1,1)(2,0)

定数表（2）

0	2.56	real	200

次に「+」を記号（8,3）として，スタックの先頭にある演算記号 5 と優先順位を比較して，それをスタックから降ろして出力し

出力　(1,0)(1,1)(2,0)(8,5)

さらに演算記号 1 と比較して 3 をスタックに積む．

3
1
(

次の「abc」は（1,0）として出力し，次の「/」の記号（8,6）の優先順位は演算記号 3（+）のそれより高いから演算記号 6 をスタックに積む．

出力　(1,0)(1,1)(2,0)(8,5)(1,0)

6
3
1
(

最後に「e3」を読んで（1,1）を出力し，「;」を読んで演算記号 6，3，1 をこ

の順にスタックから降ろして出力する．

出力　(1,0)(1,1)(2,0)(8,5)(1,0)(1,1)(8,6)(8,3)(8,1)

得られた出力は

```
abc e3 2.56 * abc e3 / + :=
```

に相当するものである．これから，想定している仮想計算機の機械語に変換するには，この出力を左から1つひとつ調べながら，それが

(1,n) なら，変数名表のn番目からアドレスaを取り出し，
「LoadValue a」または「LoadAddr a」

(2,n) なら，定数表のn番目からアドレスaを取り出し，「LoadValue a」

(8,n) なら，「Operation n」

という命令を，それぞれ作り出せばよい．ここで，「LoadAddr a」とするのは，代入文の最初の変数（左辺の変数）についてだけである．「LoadAddr a」は，アドレスaをそのままスタックに積む命令である．「LoadValue a」は，a番地の内容（値）をスタックに積む命令である．「Operation n」は，スタックの先頭の2つの値を降ろして演算nを実行し，その結果をスタックに積む命令であり，n=3,5,6の演算はそれぞれ，加算，乗算，除算である．ただし，n=1のときは，スタックの先頭の値をスタックの2番目に入っていた番地に代入する命令である．

以上で最初に考えた目的プログラムができあがる．

2.4　コンパイラの論理的構造

前節で簡単なコンパイラの例を示したが，より一般的なコンパイラの構造はたとえば**図2.1**のようなものである．その各要素について以下に概説する．

2.4.1　読み込み

通常は原始プログラムをファイルから行単位で読み込む．前節の例で

```
abc := e3 * 2.56 + abc / e3;
```

となっていたのがその例である．

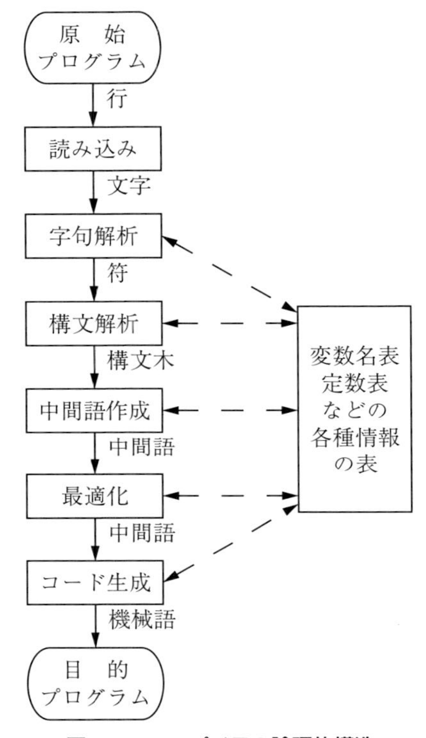

図 2.1　コンパイラの論理的構造

2.4.2　字句解析

読み込まれた原始プログラムの文字の列を，1字1字調べながら，プログラム言語の基本要素を切り出していく．上の例では，

```
abc := e3 * 2.56 + abc / e3 ;
```

と，下線で示したように要素に分け，その各要素が変数名であるか，定数であるか，演算子であるかなどの解析もする．原始プログラムを普通の文章に対応させ，代入文のようなステートメントを文に対応させれば，これらの要素は単語または字句に対応させることができる．そこで，この仕事は**字句解析**（lexical analysis）と呼ばれる．

字句解析した結果が次に構文解析されるのであるが，字句解析の結果は文字列として渡されるのでなく，たとえば「abc」という文字列は変数名表に書き込まれ，渡されるものは解析結果を示す記号（前節の〈1,0〉）であるのが普通である．その記号をここでは**符**（token）と呼ぶことにする．

2.4.3　構文解析

単語から文がどのように構成されているかを調べるのが**構文解析**（syntax analysis または parsing）である．前節で

```
abc := e3 * 2.56 + abc / e3;
```

を

```
abc e3 2.56 * abc e3 / + :=
```

に相当するものに変換したのは，まず，「e3 2.56 *」（e3*2.56）の計算をし，次に「abc e3 /」（abc / e3）の計算をし，次に加算と代入をするという順序で計算すべきであるとしたことになる．これは，もとの代入文を解析して，それが

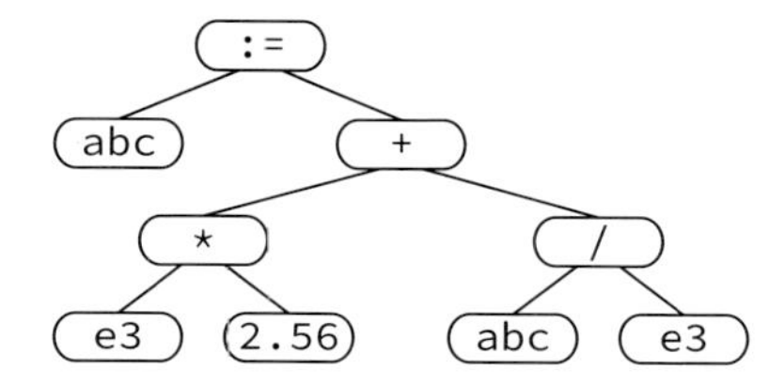

という形に構成されているとしたことになる．構文解析とは，プログラムのどの部分が文法（構文規則）のどの規則に対応するかを解析し，プログラムが文法的に正しい形をしているかどうかを判定することである．

構文解析への入力は前項の符であり，出力は構文解析の結果であり，何らかの中間語で表現されているものである．前節の簡単なコンパイラでは，それは目的プログラムに大変近い形であったが，一般には上記の木（構文木（syntax tree）とか抽象構文木（abstract syntax tree）とか呼ばれる）の形に近いものである．

2.4.4　中間語生成

構文木はプログラムの構造を示しているのであるが，ここではそれを実行するプログラムを中間語（intermediate language）の列の形で作り出す．たとえば，前項の木から次のような中間語列が得られる．

（*,　e3,　2.56,　T_0）

(/,　abc,　e3,　T_1)
(+,　T_0,　T_1,　T_2)
(:=,　T_2,　,　abc)

これは4つ組と呼ばれる形であり，たとえば最初の（*，e3，2.56，T_0）はe3*2.56の演算結果をT_0に入れる（あるいはT_0と呼ぶ）ことを意味する．実際のコンパイラでは前項の構文解析と一緒にして，構文解析すると同時にこのような中間語列を作り出すものもある．なお，中間語を構成するe3や2.56やT_0は，符のような記号化された形で表現される．

中間語としては，RTLと呼ばれるものもある．これは，Register Transfer Languageの略であり，仮想計算機の命令語と考えられるものであるが，実際の計算機のようにレジスタを持っているマシンを仮定したものである．命令語はレジスタとのやりとりが主となるので，このように呼ばれている．

コンパイラによっては何種類かの中間語を持つものもある．たとえば，構文解析したときは構文木に近い中間語とし，それに対してマシンに依存しない最適化を施したものをRTLに近い中間語に変換するものもある．

2.4.5　最適化

最適化（optimization）とは，目的プログラムを実行時の効率の良いものにすることである．そのために，中間語の列の中で無駄なものをはぶいたり，順序を入れ換えたりして，より効率の良い目的プログラムとなるようにする．しかし，一般には，与えられた原始プログラムに対して**最も**効率の良い（**最適**な）目的プログラムを作り出すことは不可能である．コンパイラにおける最適化とは，文字どおりの最適化ではなく，最適なものに近づけるという意味である．

最適化は中間語のレベルで行うだけでなく，構文木のレベルや，中間語から目的コードを生成するときや，生成されたコードの列に対しても行われる．

2.4.6　目的コード生成

中間語のプログラムから機械語の目的プログラムを生成する．できあがった目的プログラムは，通常はファイルに出力される．

Pascalなどのように，主ルーチンからサブルーチンまで，そのプログラムの実行に必要なプログラムをすべてまとめてコンパイルするときは，目的プログラムと実行時ルーチンを結合して直ちに実行に入ることができる．CやFortranなどのように，主ルーチンやサブルーチンを別々にコンパイルする場合は，それらの目的プログラムは別々のファイルに出力されることになる．それらをまとめて1つの実行可能なプログラムとするのは，リンカとかリンケージエディタと呼ばれるソフトウェアである．

以上が一般的なコンパイラの論理的構造である．論理的構造とは，コンパイラの仕事はこのような論理的要素に分けて考えることができるという意味である．実際のコンパイラでは必ずしもこのとおりの構成にはなっていない．それについては次節で述べる．

コンパイラがこのような論理的構造に従って働くと考えたとき，その各段階は**相**（phase）と呼ばれる．2.4.1〜2.4.3の各相は，与えられた原始プログラムを解析（analysis）する相であり，2.4.4〜2.4.6の各相は，解析結果をもとに目的プログラムを組み立て（synthesis）ていく相であるといえる．ただし，おおざっぱにそういえるだけであって，たとえば最適化の相で最適化のために必要な解析をすることはよくある．

2.5 コンパイラの物理的構造

前節で述べたのはコンパイラの論理的構造であるが，実際に作られるコンパイラは必ずしもそのとおりの構造にはなっていない．たとえば最適化の相がなかったりする．また，実際の処理順序を正確に表現しているものでもない．たとえば字句解析と構文解析についていえば，あるコンパイラAでは，まず字句解析ルーチンを呼んで原始プログラム全部を符の列に変換してしまってから構文解析ルーチンを呼ぶかもしれないし，またあるコンパイラBでは，まず構文解析ルーチンを呼んで，その構文解析ルーチンから字句解析ルーチンをサブルーチンとして呼んで符を得るかもしれない．

一般的には，原始プログラムはあるルーチン群によって中間的なプログラムに変換され，それがまた次のルーチン群によって別な形に変換され，ということを繰り返して最後に目的プログラムに変換されるのであるが，その1つのルーチン群，あるいはそのルーチン群による処理のことを**パス**（pass）という．上記のコンパイラAでは字句解析ルーチンと構文解析ルーチンは別のパスに入っており，コンパイラBでは同じパスに入っていることになる．コンパイラのこのような

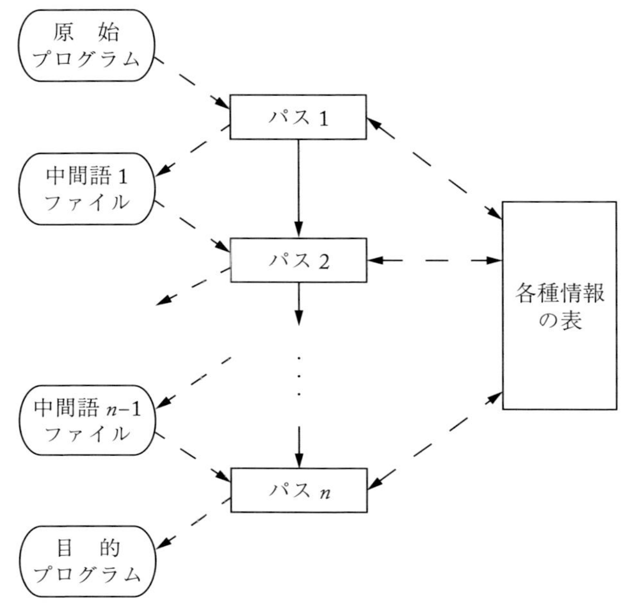

図 2.2　コンパイラの物理的構造

構造（それを物理的構造と呼ぶことにする）は**図 2.2** のようになる．

ワンパスコンパイラ（one pass compiler）は，論理的構造すべての相を 1 つのパスにまとめてしまったもので，通常最適化の相はない．それを**図 2.3** に示す．

ワンパスコンパイラの場合は，中心的役割を演じるのは構文解析ルーチンである．すなわち，構文解析ルーチンが字句解析ルーチンを呼んで符を受け取り（字句解析ルーチンはさらに読み込みルーチンを呼んで文字を受け取る），解析した結果を中間語で表現したものをコード生成ルーチンに送って目的コードを生成する．

ワンパスコンパイラは，コンパイル時間が短いので，プログラムのデバッグ時に使うのに適している．したがって，デバッグが主になるプログラミング教育に使うのに適している．しかし，生成される目的プログラムの実行効率は良くない．実行効率を良くするために最適化に重点を置いたコンパイラは最適化コンパイラと呼ばれる．最適化コンパイラでは，**図 2.4** のように最適化のパスを持つのが普通である．

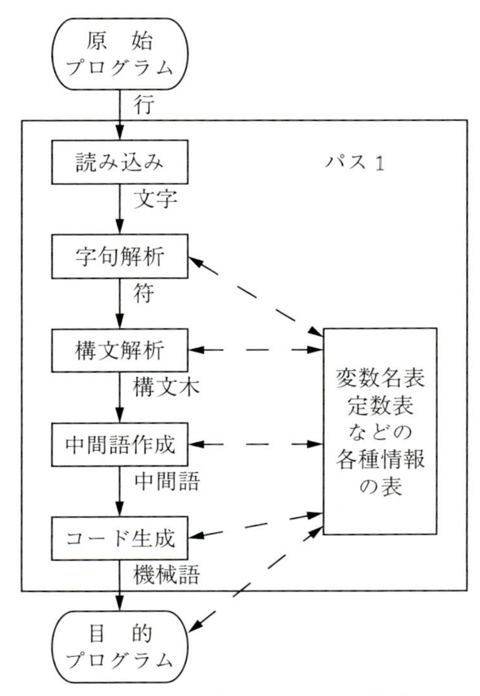

図 2.3　ワンパスコンパイラの構造

この図 2.4 の場合は 3 パスコンパイラになっている．最適化のパスはこの図のように 1 つだけの場合もあるが，一口に最適化といってもその程度や種類はいろいろ考えられる．最適化の効果を高めるためには各種の解析も必要になるので，最適化のパスがさらにいくつかのパスに分かれている場合も多い．その場合，コンパイラの開発にかかる労力のうちで，最適化のパスにかかる比重は大きい．そこで，一種類のマシンに対していくつかの言語の最適化コンパイラを開発する場合は，図 2.4 のパス 1 の部分（これはフロントエンド（front–end）と呼ばれる）は言語ごとに開発し，パス 2 とパス 3 の部分（これはバックエンド（back–end）と呼ばれる）を共通にすることもある．

コンパイラをいくつかのパスに分けなければならない理由の 1 つにメモリ不足がある．最近はメモリが安くなってそのような場合は少なくなったが，コンパイラのプログラム全体がメモリに入りきらない場合は，それをいくつかのパスに分

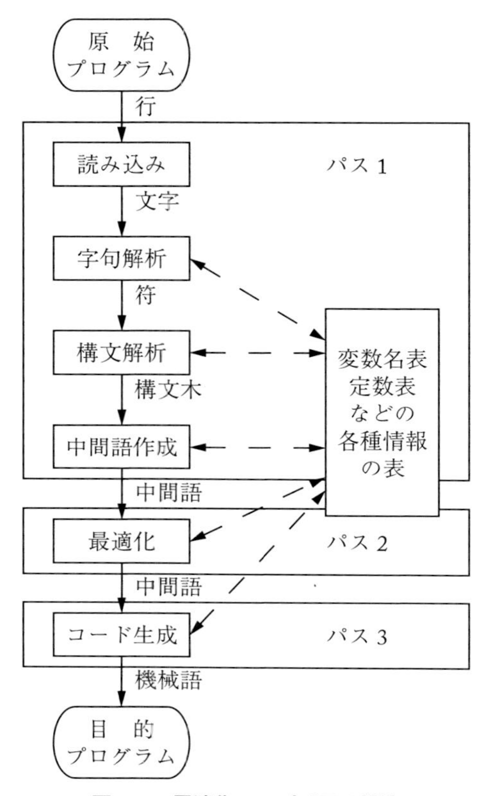

図 2.4　最適化コンパイラの構造

けることになる．昔のコンパイラには，メモリ不足のために，字句解析だけを 1 つのパスにしたり，構文解析の部分を宣言文の構文解析のパスと実行文の構文解析のパスに分けているものもあった．

コンパイラをパスに分けるもう 1 つの理由に複雑な言語仕様がある．たとえば，1960 年代の後半に作られた PL/I や Algol 68 という言語では，構文解析を 1 パスで完結させることはできなかった．しかし，その後に設計された言語のほとんどは，1 パスで構文解析までできるように配慮されている．

コンパイラのパスを分けなくてすませるための技法もある．簡単な例として，goto 文の目的コードを作ることを考える．たとえば次の例

```
        goto lab1
        ..
lab1: a := b;
```

の goto 文を見たときにはまだ lab1 という名札（label）の定義場所がどこであるかわからないから，その目的コードは作れない．機械語の飛び越し命令（jump 命令とか branch 命令と呼ばれる）を作ればよいのであるが，その飛び先がわからない．これを簡単に解決するためにはパスを 2 つに分けて

(1) 最初のパスでは「goto lab1」を見たとき lab1 を名札の表に登録し，目的コードの飛び越し命令の番地部には名札の表の番号を入れておき，lab1 の定義を見たとき，そのときの目的コードの番地を名札の表の lab1 の所に入れておく，

(2) 次のパスで飛び越し命令を見たとき，名札の表からその定義番地を取り出して，それを命令の番地部に入れる，

といったことをすればよい．このような名札の解決は，アセンブラで記号番地（名札）を機械語の実際の番地に変換するときにも行われることである．コンパイラの目的言語をアセンブラ語にするとすれば，goto lab1 の目的コードは

jump lab1

とするだけでよい．この場合，コンパイラは 1 つのパスですむが，機械語の命令が完成するのはアセンブラのパスというもう 1 つのパスを経てからである．いずれにしても 2 つのパスが必要になる．

これを 1 パスですませるためには，①「goto lab1」を見たとき lab1 を名札の表に登録し，目的コードの飛び越し命令の存在する番地を名札の表に入れておき，② lab1 の定義を見たとき，そのときの目的コードの番地を名札の表の lab1 の所にある番地に入れる（飛び越し命令の番地部に入れる），といったことをすればよい．この技法は，前に作った飛び越し命令の番地部に後からパッチするので**バックパッチ**（backpatch）と呼ばれる．一般には

```
        goto lab1
        ...
        goto lab1
        ...
```

```
        goto lab1
        ...
lab1: a := b;
```

のように，パッチすべき場所は複数になるので，それをリストとして覚えておくことになる．

演習問題

1．以下の中置記法の式を後置記法に変換せよ．

(**1**) a+b*c　(**2**) (a+b)*c+d　(**3**) a+b*c*(d+e)

(**4**) a*b*c+d+e

2．以下の後置記法の式を中置記法に変換せよ．

(**1**) ab+c*　(**2**) abc+*de/f+−　(**3**) abcde+*−/　(**4**) ab−c/d+e*

3．四則演算子と括弧とオペランド（オペランドはa〜zの1文字とする）からなる中置記法の式を読み，それを後置記法に変換して出力するプログラムを書け．

4．手近に利用できるコンパイラを使って，代入文の目的プログラムを出力させ，原始プログラムとの対応を調べてみよ．そのコンパイラの構造を可能ならば調べてみよ．

3
文 法 と 言 語

ある言語のコンパイラを作成するためには，その言語の厳密な定義が必要である．ここでは，プログラム言語の構文規則を厳密に定義する記述法として，バッカス記法と構文図式を説明し，その記法のもとになっている文脈自由文法とその言語の形式的な定義を与える．また，あいまいな文法とその解決法についても触れる．最後に，1 つの例として PL/0′ の文法を構文図式の形で与える．

3.1 バッカス記法

ALGOL 60 は，1960 年にプログラム言語としては初めて国際的な組織で開発されたもの（参考文献 [ALGOL 60]）であるが，その構文が**バッカス記法**（Backus Naur Form または Backus Normal Form）によって明確に定義されて以来，多くのプログラム言語の構文規則はバッカス記法，またはそれを拡張した記法で記述されるようになった．バッカス記法で「識別子」(identifier) または「名前」と呼ばれるものを定義すれば次のようになる．

<数字> ::= 0 | 1 | 2 | 3 | 4 | 5 | 6 | 7 | 8 | 9　　(3・1)

<英字> ::= a | b | c | d | e | f | g | h | i | j | k | l | m | n | o | p | q | r |
　　　s | t | u | v | w | x | y | z　　(3・2)

<名前> ::= <英字> | <名前><英字> | <名前><数字>　　(3・3)

ここで，「<」と「>」で囲まれたものを構文要素 (syntactic element) と呼ぶ．(3･1) は「<数字> は 0〜9 のどれかである」と読むことができる．(3･2) は「<英字> は a〜z のどれかである」と読むことができる．すなわち，「::=」の左辺にある構文要素が右辺によって定義されている．「|」は「または」という意味である．(3･3) は「<名前> は <英字>，<名前><英字>，<名前><数字> のどれかである」と読むことができる．すなわち，まず <英字> は <名前> である．たとえば，

aは<名前>として使うことができる．bもxも<名前>である．次の「<名前><英字>」は<名前>の後ろに<英字>を付けたものである．したがって，たとえば，<名前>aに英字sを付けたasも<名前>である．それにさらにcを付けたascもまた<名前>である．同様に，「<名前><数字>」も<名前>であるから，a4もa412もas8も<名前>であり，さらに「<名前><英字>」を使えば，a4bcもa412xもas8saも<名前>である．結局，<名前>は英字1つか，または，英字で始まりその後に英字または数字をいくつか付けたものである，ということを（3·3）は定義している．

本書では，以後「::=」の代わりに「→」を用いることにする．

この記法を用いて日本語の構文の一部を定義してみよう．日本語の文章は主部と述部とからなり，主部は名詞と助詞からなり，述部は動詞からなるとする．名詞としては，私，君，犬，助詞としては，「は」，「が」，「も」，動詞としては，遊ぶ，泳ぐ，走る，があるとする．これをバッカス記法で表せば次のようになる．

<文> → <主部><述部>　(3・4)

<主部> → <名詞><助詞>　(3・5)

<述部> → <動詞>　(3・6)

<名詞> → 私 | 君 | 犬　(3・7)

<助詞> → は | が | も　(3・8)

<動詞> → 遊ぶ | 泳ぐ | 走る　(3・9)

この構文規則によって定義される文章は，<文>から始まって，構文要素をその右辺（その構文要素を左辺に持つ構文規則の右辺）のもの（右辺が「|」で区切られていたらその1つ）で置き換えていき，構文規則の左辺にある構文要素を1つも含まなくなったものである．たとえば「私は遊ぶ」という文章は，次の順序で置き換えて作ることができる．

(1)　<文>

(2)　<主部><述部>　(3·4）による

(3)　<名詞><助詞><述部>　(3·5）による

(4)　<名詞><助詞><動詞>　(3·6）による

(5)　私<助詞><動詞>　(3·7）による

(6)　私は<動詞>　(3·8）による

(7)　私は泳ぐ　(3·9）による

これを図に示せば次のようになる．

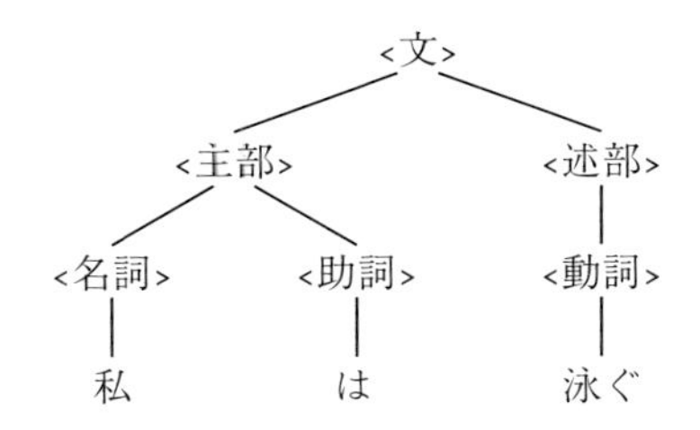

これは木の形（木の上下を逆転した形）をしている．<文> がその木の根であり，「私」や「は」が葉に相当する．後者の「私」などは末端に現れるという意味で終端記号（terminal symbol）と呼ばれ，それ以外のものは非終端記号（non-terminal symbol）と呼ばれる．

バッカス記法を拡張した，いわゆる拡張バッカス記法もいろいろ考えられている．その中でよく使われるのは $\{\alpha\}$ という形である．これは

$$\varepsilon \mid \alpha \mid \alpha\alpha \mid \ldots$$

を意味する．ε は**空**（empty）を示す記号である．すなわち $\{\alpha\}$ は α を 0 個以上並べたものを示す．

$$A \rightarrow \{B\}$$

は

$$A \rightarrow \varepsilon \mid AB$$

を短くわかりやすく表現したものであるといえる．この記法を使えば，最初にあげた <名前> は次のように表すことができる．

<名前> → <英字>{<英字> | <数字>}

3.2　構文図式

構文規則を図式で表現すると直観的に理解しやすくなる．それは**構文図式**（syntax graph または syntax diagram）と呼ばれる．構文図式は，構文規則に対して以下の規則を繰り返し適用することによって得られる．

(1)　構文規則

$$A \rightarrow \alpha$$

に対応する図式は次の形である．

A

α の図式

(2)　α とそれに対応する「α の図式」は以下のとおりである．

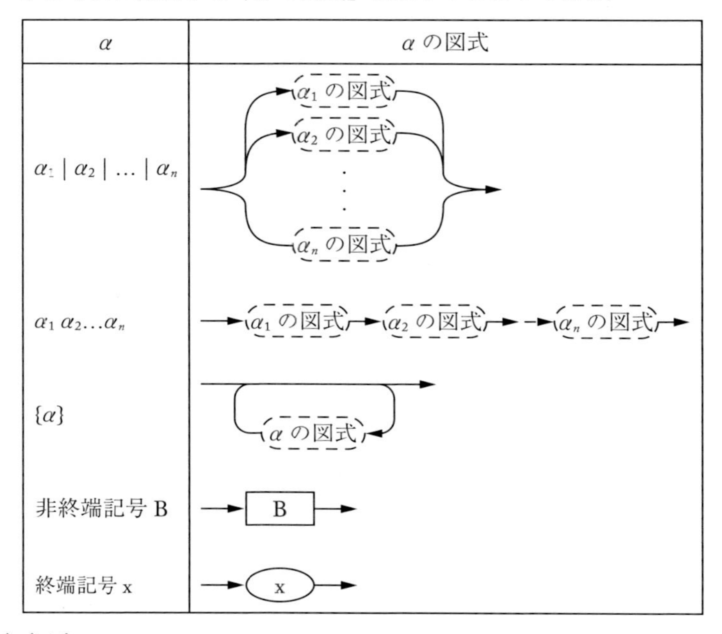

α	α の図式
$\alpha_1 \mid \alpha_2 \mid \ldots \mid \alpha_n$	α_1 の図式, α_2 の図式, ⋮, α_n の図式
$\alpha_1\,\alpha_2 \ldots \alpha_n$	α_1 の図式 → α_2 の図式 → α_n の図式
$\{\alpha\}$	α の図式
非終端記号 B	B
終端記号 x	x

たとえば

<名前> → <英字>{<英字> | <数字>}

の構文図式は**図 3.1** のようになる．

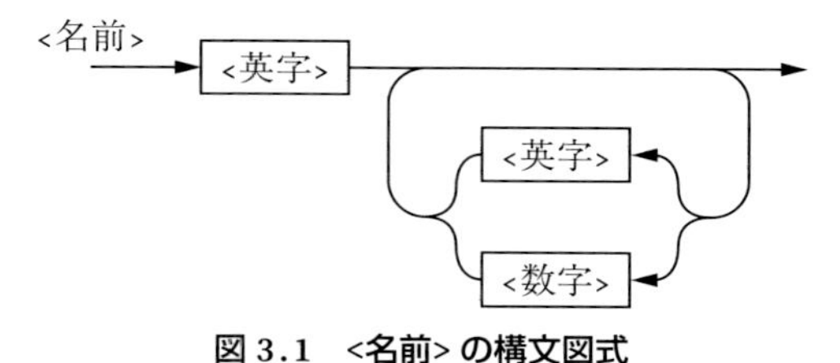

図 3.1　<名前> の構文図式

以上の規則によって構文図式が得られるのであるが，そのままではそれぞれの非終端記号に対して構文図式が別々に得られる．直感的にはそれらの図式を適当にまとめたほうがわかりやすい場合がある．まとめるためには次の規則によって置き換えを行えばよい．

(3)　構文規則

$A \rightarrow \alpha$

があるとき

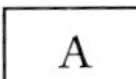

を「α の図式」で置き換えてよい．

たとえば，前記の <文> から始まる構文規則からは次の構文図式が得られる．

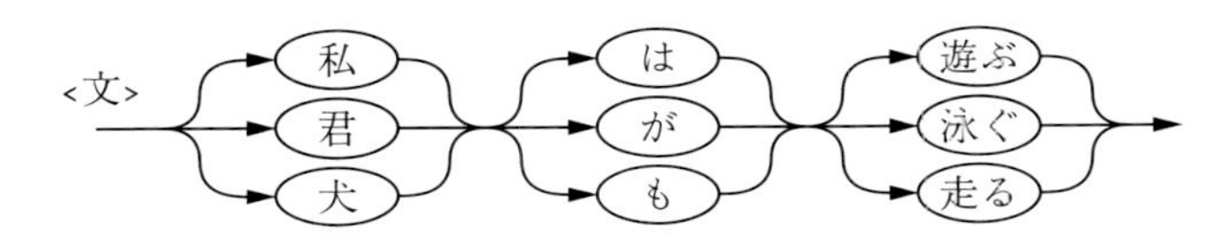

3.3　文法と言語の形式的定義

まず，記号や記号列に関する基本的な用語を定義する．

アルファベット（alphabet）とは，記号（symbol）の有限集合である．任意個の記号の列を記号列と呼ぶ．たとえば，アルファベット {a, b, c, d} から得られる記号列には，a，c，ba，abc，bbcdd などがある．記号を 1 個も含まない記号列（空記号列）も考える．それを ε と書く．

x と y が記号列であるとき，それを連結した xy も記号列である．A，B を記号列の集合とするとき

$$AB = \{xy \mid x \in A, y \in B\}$$

で A と B の積 AB を定義する．これは，A に属する記号列 x と B に属する記号列 y をつないだ記号列 xy を要素とする集合である．たとえば，A = {a, b, cd}，B = {ef, g} なら AB = {aef, ag, bef, bg, cdef, cdg} となる．

集合の積を使って集合のべきを次のように定義する．

$$A^1 = A, \quad A^2 = AA = AA^1, \quad A^3 = AAA = AA^2, \quad \cdots, \quad A^n = AA^{n-1}$$

また，$A^0 = \{\varepsilon\}$ とする．これは空記号列 ε だけからなる集合である．これを使って集合 A の**閉包**（closure）A^* と**正の閉包**（positive closure）A^+ を定義する．

$$A^{+}=A^{1}\cup A^{2}\cup\cdots\cup A^{n}\cup\cdots=\bigcup_{i=1}^{\infty}A^{i}$$

$$A^{*}=A^{0}\cup A^{1}\cup\cdots\cup A^{n}\cup\cdots=\bigcup_{i=0}^{\infty}A^{i}$$

$A=\{a, b, c\}$ なら $A^{*}=\{\varepsilon, a, b, c, aa, ab, ac, ba, bb, \cdots, aaa, aab, \cdots\}$ である．閉包に関しては

$$AA^{*}=A\bigcup_{i=0}^{\infty}A^{i}=\bigcup_{i=1}^{\infty}A^{i}=A^{+}$$

が成り立つ．$x\in A^{+}$は，xがアルファベットAの記号からなる記号列であることを意味する．

これらの記号や用語を使って文法と言語を定義する．前節まで構文規則と呼んでいたものは，ここでは**生成規則**（production）あるいは**書き換え規則**（rewriting rule）と呼ばれ，一般に次の形をしている．

$U \rightarrow x$

ここで，Uは記号であり，xは記号列である．Uを生成規則の左辺，xを右辺と呼ぶ．ここで文法と呼んでいるものは正確には**文脈自由文法**（context-free grammar）と呼ばれるものであるが，本書では，誤解の恐れがないときには単に文法と呼ぶことにする．

3.1節での構文規則の形 $A\rightarrow\alpha\mid\beta$ は，文脈自由文法での $A\rightarrow\alpha$，$A\rightarrow\beta$ という2つの生成規則をまとめた略記法であり，本来の文脈自由文法にはその記号はないのであるが，本書では文法の生成規則にもその略記法を使うことにする．

【定義】　文脈自由文法Gは生成規則の集合Pと記号Sの組として定義される．

$G=\{P, S\}$

Sは**開始記号**または**出発記号**（start symbol）と呼ばれ，Pの中の少なくとも1つの生成規則の左辺に現れていなければならない．

【例】　3.1節の日本語の例では <文> が開始記号である．

【定義】　文脈自由文法 $G=\{P, S\}$ において，Pの生成規則の左辺に現れる記号を非終端記号（nonterminal symbol）と呼び，右辺にだけ現れる記号を終端記号（terminal symbol）と呼ぶ．また，生成規則に現れる記号（全部）の集合を**語彙**（vocabulary）と呼ぶ．

非終端記号の集合をN，終端記号の集合をT，語彙をVと書くことにすると，$V=N\cup T$ であり，$S\in N$ である．文法を定義するのにここでは $G=\{P, S\}$ の形で

与えたが，$G=\{N, T, P, S\}$ の形で，非終端記号の集合と終端記合の集合を明記する場合もある．N，T の代わりに V_N，V_T と書くこともある．

【例】 3.1 節の日本語の例では N={<文>, <主部>, <述部>, <名詞>, <助詞>, <動詞>}，T={私, 君, 犬, は, が, も, 遊ぶ, 泳ぐ, 走る} である．

【例】 $G1=\{P, E\}$

$$
\begin{aligned}
P=\{&E \rightarrow E+T \\
&E \rightarrow T \\
&T \rightarrow T*F \\
&T \rightarrow F \\
&F \rightarrow (E) \\
&F \rightarrow a \\
&F \rightarrow b \\
&F \rightarrow c\ \}
\end{aligned}
$$

については，V_N，V_T，V は次のようになる．

$$
\begin{aligned}
&V_N=\{E, T, F\} \\
&V_T=\{+, *, (,), a, b, c\} \\
&V=\{E, T, F, +, *, (,), a, b, c\}
\end{aligned}
$$

文法が与えられたとき，それから得られる文や言語を次に定義する．

【定義】 文法 $G=\{P, S\}$ において，$x, y \in V^*$，$U \rightarrow u \in P$ のとき，$v, w \in V^*$ が

$$v=xUy, \quad w=xuy$$

であるならば v は w を**直接生成**（directly produce）するといい

$$v \Rightarrow w$$

と書く．このとき，w は v に**直接還元**（directly reduce）されるという．

この定義は，「記号列 v の 1 つの非終端記号 U を，その U を左辺として持つ生成規則の右辺で置き換えた結果が w であるならば，v は w を直接生成するという」と読むことができる．この場合，v の 1 つの非終端記号 U に生成規則 $U \rightarrow u$ をほどこして w が得られたと考えられる[1)]．x や y は空であってもよいから，

1）U の前後にどんな記号列があるかという文脈（context）に関係なく生成規則 $U \rightarrow u$ を適用できるので文脈自由（context-free）と呼ばれる．それに対して，$xUy \rightarrow xuy$ という生成規則は U の前後に x と y があるときだけ U を u に書き換えられる．このような規則からなる文法は文脈依存文法（context-sensitive grammar）と呼ばれる．

$U \rightarrow u$ ならば $U \Rightarrow u$ である．

vから直接生成を何回かした結果wが得られたとき，vはwを**生成**（produce）するという．

【定義】　$v = u_0 \Rightarrow u_1 \Rightarrow u_2 \Rightarrow \cdots \Rightarrow u_n = w$（$n \geq 0$）となる $u_i \in V^*$（$0 \leq i \leq n$）が存在するならばvはwを生成するといい，wはvに**還元**（reduce）されるという．このとき，$n > 0$ ならば $v \overset{+}{\Rightarrow} w$ と書き，$n \geq 0$（すなわち $v \overset{+}{\Rightarrow} w$ または $v = w$）ならば $v \overset{*}{\Rightarrow} w$ と書く．

【定義】　文法 $G = \{P, S\}$ において，$x \in V^*$ で $S \overset{*}{\Rightarrow} x$ ならばxを**文形式**（sentential form）と呼ぶ．$x \in V_T{}^*$ で $S \overset{*}{\Rightarrow} x$ ならばxを**文**（sentence）と呼ぶ．Gの文の集合をGの言語（language）と呼び，L(G) と書く．

$$L(G) = \{x \mid S \overset{*}{\Rightarrow} x \text{ かつ } x \in V_T{}^*\}$$

開始記号から生成される記号列が文形式であり，終端記号のみからなる文形式が文である．

【例】　前記の例G1について

$$E \Rightarrow T \Rightarrow T * F \Rightarrow F * F$$

であるから $E \overset{+}{\Rightarrow} F * F$ であり，$F * F$ は文形式である．さらに

$$F * F \Rightarrow F * a \Rightarrow b * a$$

から $E \overset{+}{\Rightarrow} b * a$ が得られ，$b * a \in V_T{}^*$ であるから $b * a$ は文である．同様に

$$E \Rightarrow T \Rightarrow F \Rightarrow (E) \Rightarrow (E + T) \Rightarrow (E + F) \Rightarrow (E + a) \Rightarrow (T + a)$$
$$\Rightarrow (F + a) \Rightarrow (c + a)$$

であるから（c+a）は文であり，その生成に関与している（E+T），（E+a），（F+a）などはすべて文形式である．文法G1の言語L(G1)はどんなものであろうか？

$$(a + b) * c, \quad c + (a * b + c) + b, \quad ((a) + (b + a))$$

などもG1の文である．L(G1)は，a, b, cと＊，＋と括弧からなる通常の式の形をしたものの集合である．

3.4　解析木

前節の文法G1の文 $a * b$ が開始記号Eから生成される様子を図示すると次のようになる．

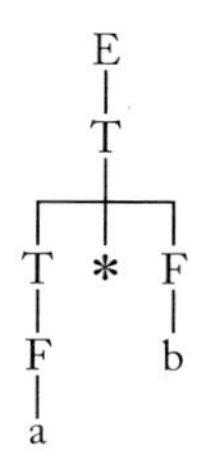

この図を得るためには，開始記号から始めて順次，非終端記号Uを，それに対して使われた生成規則

$$U \rightarrow \alpha$$

に従って

で置き換えていけばよい（α が n 個の記号からなっていたら n 本の枝を書けばよい）．

できあがった木（tree）の末端（葉（leaf）と呼ばれる）の記号を左から順次たどって並べたものが文である．途中まで置き換えをした時点での末端の記号をたどって得られるものが文形式である．

もう少し複雑な例として，文a+b*cを考えてみよう．次の図が得られる．

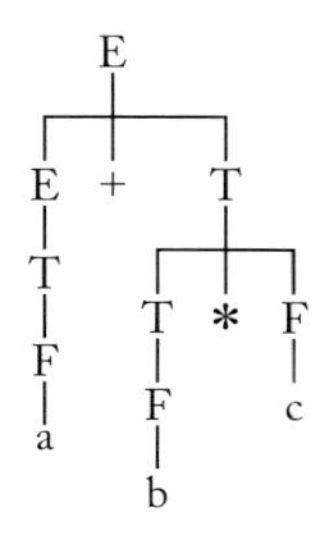

これらの図は，文がどのような生成規則から生成されたかを示している．すなわち，その文の構造を示している．コンパイラがやることは，a+b*cのような文が与えられたとき，その構造を調べること，すなわち上記の図を求めることである．その仕事は**構文解析**（parsing または syntax analysis）と呼ばれ，その結果得られる上記のような木は**解析木**（parse tree）と呼ばれる．

解析木は文の構造を示すものであるから，与えられた文に対してその解析木が一意に決まらないと困る．たとえば，次の文法を考えてみる．

G2＝{P2, E}

P2＝{E → E＋E

　　E → E∗E

　　E → (E)

　　E → a

　　E → b

　　E → c}

この文法の文としても a＋b∗c は得られる（G1 と G2 の言語は同じで，L(G1)＝L(G2) である）．しかし，文法 G2 の文としての a＋b∗c に対しては，**図 3.2** のように 2 とおりの解析木が得られる．

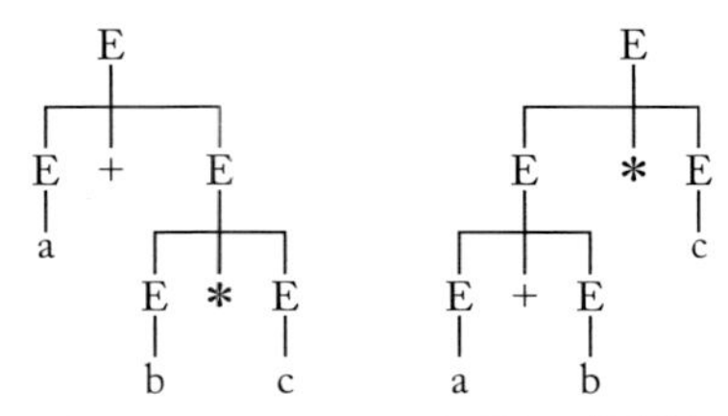

図 3.2　a＋b∗c の 2 とおりの解析木

このように，ある文の解析木が 2 とおり以上存在すれば，その文は**あいまい**（ambiguous）であるという．あいまいな文を生成できる文法はあいまいな文法であるという．たとえば，文法 G2 の文 a＋b∗c はあいまいである．したがって，G2 はあいまいな文法である．

あいまいな文法の例としてよく取り上げられるものに，次の if 文の文法がある．

S → **if** C **then** S

S → **if** C **then** S **else** S

ここで，S は statement，C は conditional expression のつもりである．この文法では

if C_1 **then** **if** C_2 **then** S_1 **else** S_2

という文から**図 3.3** のように 2 とおりの解析木が得られてしまう．

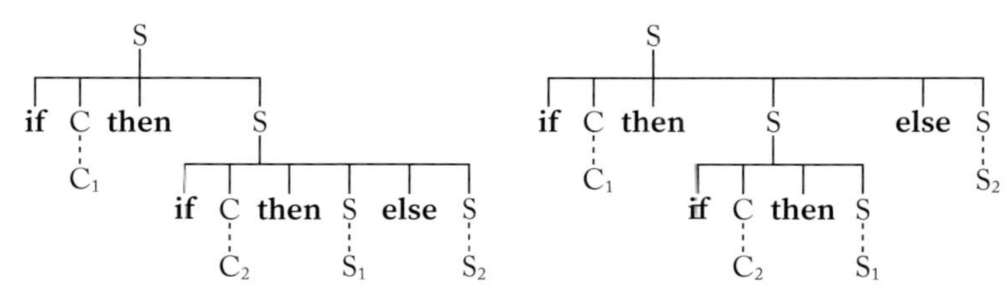

図 3.3 if C_1 then if C_2 then S_1 else S_2 の 2 とおりの解析木

実用のプログラム言語の文法では，上記のようなあいまいさは何らかの方法で除去しておかなければならない．文法 G1 は，文法 G2 のあいまいさを取り除くために，G2 に T と F という非終端記号を導入したものと考えることもできる．G2 のあいまいさに対処するのに，G1 のように生成規則を変更するのでなく，解析木を 1 とおりに決めるための規則を付加する方法もある．この文法のような算術式の場合は，演算子の間の優先順位と，同じ順位の演算子が並んだときの結合の順序を与えれば，あいまいさがなくなる．たとえば，G2 に対する付帯規則として，「+」より「*」のほうが優先順位が高く，同じ演算子が並んだときは左から結合する，すなわち a+b+c は (a+b)+c とみなす，ことにすればよい（この後者の性質のことを，演算子が左結合性を持つという）．

上記の if 文の文法に関しても，非終端記号を新たに導入してあいまいでない文法とすることはできるが，直観的にわかりにくい文法になってしまうので，付帯規則であいまいさを解決することが考えられている．上記の例では，「**else** S_2」がその前にある 2 つの「**then**」のうちのどちらに対応するものであるかを決める規則があればよい．そこで，if 文を左から走査していって，**else** を見たとき，すでに現れた **then** の中で，まだどの **else** とも組み合わされていないもので，その **else** に最も近いものと組み合わせる，という規則が使われることが多い．この規則に従えば，上記の if 文の解析木は図 3.3 の左側のものとなる．

3.5 PL/0′の文法

コンパイラの作り方を理解するには，簡単な言語でもいいから，1 つの言語のコンパイラのプログラムを完全に理解するのがよい．そこで，本書では，簡単なプログラム言語を 1 つ取り上げ，そのコンパイラの完全なリストまで載せることにする．

program

block .

block

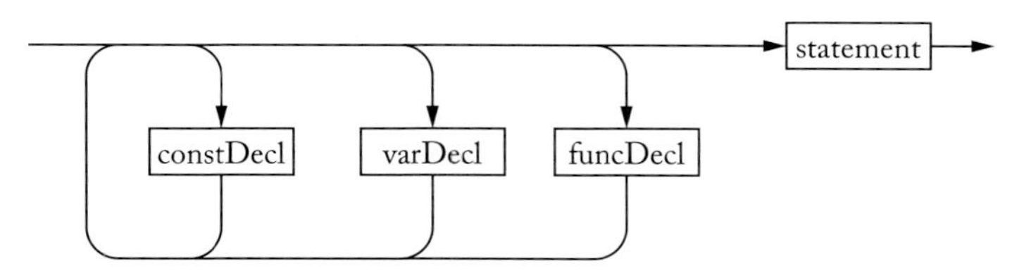

constDecl

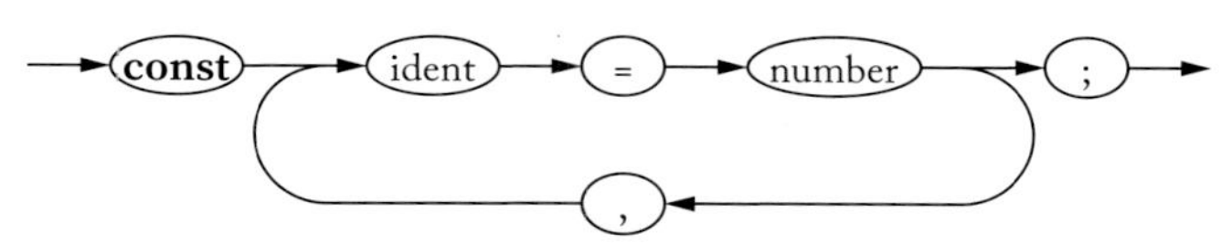

varDecl

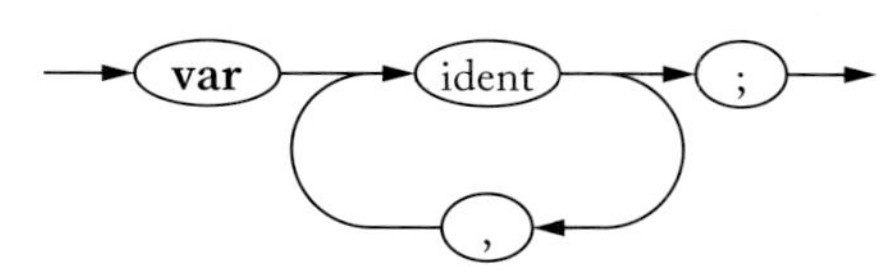

funcDecl

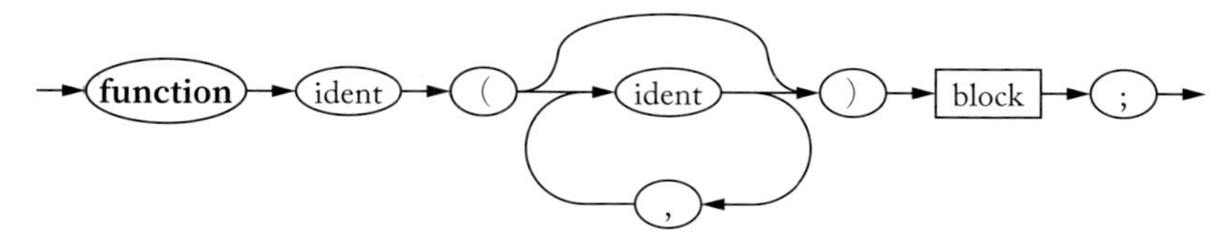

図 3.4　PL/0′ の構文規則　その(1)　program と block

その言語としては，参考文献［Wirth 76］にある PL/0 をもとにして，それを少し変更したものを使う．大きな変更点は，パラメータなしの手続き（procedure）をパラメータ付きの関数（function）にした点である．ここでは，その文法と例題を説明する．

PL/0′ の構文規則を**図 3.4〜3.7** に示す．各構文規則について以下に簡単に説明する．

statement

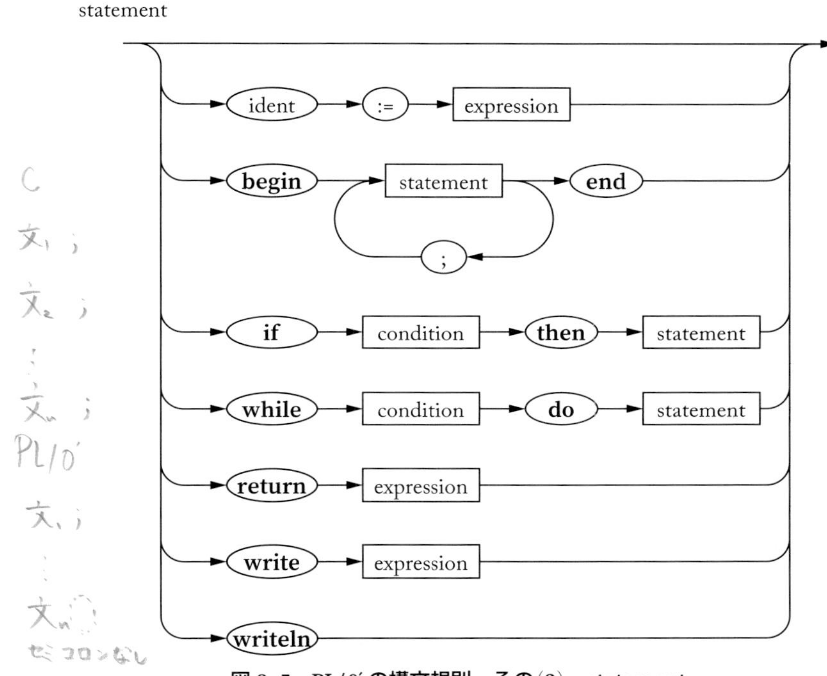

図 3.5 PL/0′ の構文規則 その(2) statement

condition

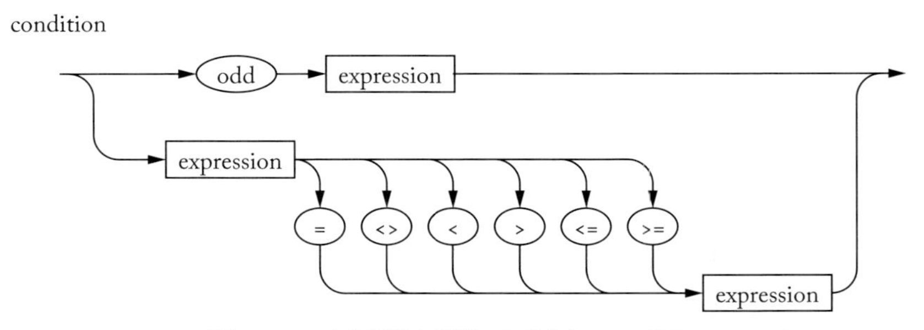

図 3.6 PL/0′ の構文規則 その(3) condition

プログラムは1つのブロックの形をしており，最後はピリオドで終わる．

ブロックはいくつかの宣言の後に1つの文（statement）がある形である．

定数宣言では，定数の名前とその値を宣言する．変数宣言では，変数名だけを宣言する．定数も変数もその型は整数型である．ここで，太字の「**const**」は，

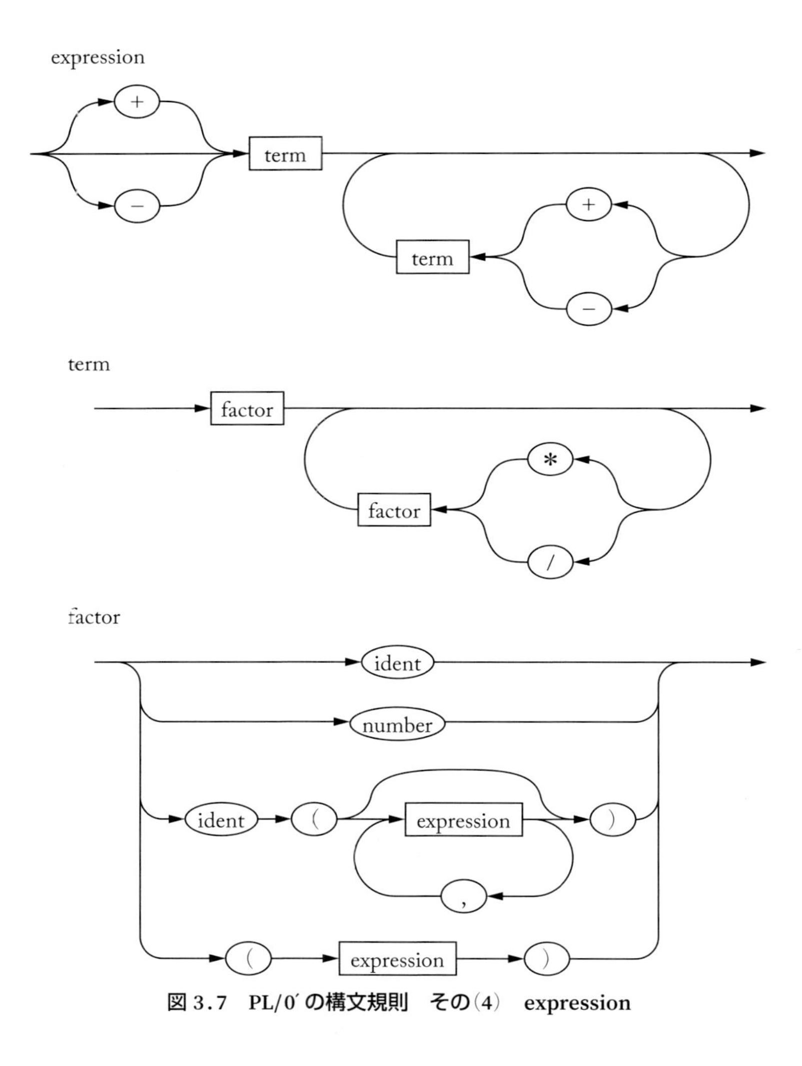

図 3.7　PL/0′の構文規則　その(4)　expression

プログラム中にそのとおりの綴りが現れることを意味する．太字でない「ident」は識別子（identifier）の意味で，何かの識別子（名前）が現れることを意味する．このidentについては，「先頭が英字で，その後ろに英字または数字が0個以上付いているもの」という構文規則があるが，それは常識であるとしてここにはあげてない．ここで，identを非終端記号でなく，終端記号としてあるのは，第2章で述べたように，構文解析の前に字句解析が行われ，その字句解析の段階で

identは1つのトークンとしてまとめられてしまうからである．すなわち，「先頭が英字で，その後ろに英字または数字が0個以上付いているもの」は字句に関する規則であるとして，構文規則とは考えない．この字句に関する規則の書き方は次章で述べる．numberが終端記号になっているのも同様の理由による．ここでは，numberは数字の列であり，整数を表すものとする．

関数宣言では，関数名とパラメータ名を宣言し，関数本体はブロックの形で書く．パラメータがない場合も括弧を書く必要がある．関数は再帰的関数であってもよい．

文（statement）には，空文，代入文，文の列をbeginとendで囲ったもの，if文，while文，return文，write文，writeln文がある．return文は関数の値を返す．write文は式（expression）の値を出力するものであり，writeln文では改行を出力する．

条件（condition）の中の「odd」は式の値が奇数であるときに真（true）を返す．「<>」は不等号として使われる．factorの3番目にあるのは関数呼び出しの形である．

PL/0′言語はブロック構造を持った言語である．すなわち，宣言部分と実行部分を持ったブロックが入れ子構造になってもよい言語である（ブロックの中に変数宣言や関数宣言があり，関数宣言の中にまたブロックがある）．一般にこのような構造を持つ言語では，ブロックの中で宣言された名前はそのブロックの中で有効であるが，それより内側のブロックで同じ名前がまた宣言された場合は，その後者の名前が有効な範囲では前者の名前は有効ではなくなる．PL/0′言語もその一般的な規則に従うものとする．

PL/0′のプログラム例を**図3.8**に示す．このプログラムは，参考文献［Wirth 76］のPL/0プログラムをPL/0′に書き直してみたものである．関数multiplyとdivideは，掛け算や割り算の命令を持たない計算機でそれをシフトと加減算で実行するアルゴリズムを模したものである．関数gcdとgcd2は，ユークリッドの互除法によって最大公約数を求めるものであり，gcdは再帰的関数である．このプログラムでは，変数の宣言などは，それを使う場所にできるだけ近いところに置くべきであると考えて，主ルーチンの変数宣言は関数宣言の後に置いてある．

```
function multiply(x,y)
  var a,b,c;
begin a := x; b := y; c := 0;
  while b > 0 do
  begin
    if odd b then c := c + a;
    a := 2*a; b := b/2
  end;
  return c
end;

function divide(x,y)
  var r,q,w;
begin r := x; q := 0; w := y;
  while w <= r do w := 2*w;
  while w > y do
    begin q := 2*q; w := w/2;
      if w <= r then
        begin r := r-w; q := q+1
        end
    end;
  return q
end;

function gcd(x,y)
begin
  if x <> y then
    begin if x<y then return gcd(x,y-x);
      return gcd(x-y,y)
    end;
  return x
end;

function gcd2(x,y)
begin
  while x <> y do
    begin if x < y then y := y-x;
      if y < x then x := x-y;
    end;
```

```
  return x
end;

const m = 7, n = 85;
var x,y;

begin
  x := m; y := n;
  write x; write y; write multiply(x,y); writeln;
  x := 84; y := 36;
  write x; write y; write gcd(x,y); write gcd2(x,y); writeln;
  write divide(x,y); write divide(x,gcd(x,y)); writeln
end.
```

図 3.8　PL/0′ のプログラム例

演習問題

1.

(**1**) L(G) = 自然数の集合 = {0, 1, 2, 3, ...} となる文法を書け．数の先頭の数字が 0 であっても良いとする．たとえば，0054 も文となる文法でよい．これは 54 を表すものとする．

(**2**) 上記（1）で，0 以外の数の先頭の数字は 0 であってはならないとする．たとえば，0054 が文とはならない文法を書け．

(**3**) L(G) = {1, 2, 3, 4, ...} となる文法を書け．ただし，この集合では先頭が 0 となる表現は含まない．

2. 構文規則

S →(L) | a

L → S{, S}

について

(**i**) 各構文規則に対応する構文図式を書け．

(**ii**) S について 1 つにまとめた構文図式を書け．

(**iii**) これで定義される形はどんなものか．

3. 文法 G = {P, S}

P = {S → (L) | a

$L \to L, S \mid S\}$

の終端記号，非終端記号は何か．この文法の文（a, a）および（a,((a, a),(a, a))）の解析木を書け．

4．演算数 a, b, c と 2 項演算子＋，＊からなる後置記法の式を定義する文法を書け．

5．$P = \{S \to aSbS \mid bSaS \mid \varepsilon\}$ である文法 {P, S} はあいまいであることを文 abab について示せ．

6．文法 G＝{P, S} で P が以下のものであるとき言語 L(G) はそれぞれどんなものか

(**1**) $P = \{S \to AB$

$A \to aAb \mid ab$

$B \to bBa \mid \varepsilon\}$

(**2**) $P = \{S \to aSb \mid cTb$

$T \to cTb \mid \varepsilon\}$

(**3**) $P = \{S \to aTa \mid a$

$T \to bSb \mid b\}$

7．文法 G＝{P, B} で P が

$P = \{B \to B \lor C \mid C\}$

$C \to C \land D \mid D$

$D \to \neg D \mid (B) \mid a \mid b\}$

であるとする．

(**i**) この文法の V_N，V_T を求めよ．

(**ii**) 文「$a \land (b \lor \neg a) \lor b$」の解析木を書け．

(**iii**) この文法の言語はどんなものか．

(**iv**) 生成規則 $D \to \neg D$ を除いて，代わりに $C \to \neg D$ または $C \to \neg C$ を入れるとどんな問題があるか．

8．本文中の文法 G1 の P は

$P = \{E \to E + T \mid T$

$T \to T * F \mid F$

$F \to (E) \mid a \mid b \mid c\}$

と書くこともできる．この文法にベキ乗演算子↑を付け加えた文法を作れ．た

だし，「↑」は「+」や「*」より優先順位が高く，右結合性を持つとする．すなわち，a↑b↑c は a↑(b↑c) を意味する．

ヒント：a+b+c は E ⇒ E+T ⇒ E+T+T から生成されるから (a+b)+c を意味する．すなわち「+」は左結合性を持つ．優先順位の異なる演算子を付け加えるときには，新しい非終端記号を導入する．

4
字　句　解　析

コンパイラが原始プログラムに対して最初に行う解析は字句解析である．ここでは，字句解析のプログラムを機械的に作り出す方法を解説する．字句の形は，文脈自由文法よりも簡単な正規表現で定義できる．字句の定義を正規表現で表現したものから，その字句を読み取る有限オートマトンを機械的に作成する方法を述べる．また，実際のコンパイラの字句解析プログラムでの問題として，浮動小数点定数の読み取りプログラムとコメントの読み取りプログラムをとりあげる．それに関連して，文字列のパターンマッチングのアルゴリズムとして有名なKnuth–Morris–Prattのアルゴリズムが同様の方法で生成できることにも触れる．最後に，PL/0′の字句解析プログラムを載せる．

4.1　文字読み取り

コンパイラはまず原始プログラムを読み込まなければならない．原始プログラムを作成するときには，キーボードから入力し，それをファイルとして蓄えておくのが普通である．原始プログラムのファイルから読み込むときは，読み込みの効率も考えて，ある程度まとまった単位で読み込むのがよい．たとえば，原始プログラムの行単位で読むことが考えられる．Fortran言語のように1行がほぼ1ステートメントになる場合はそれで都合がよいかもしれないが，Fortranでも継続行と呼ばれるものがあり，次の行に継続行の印があれば，次の行までつないであたかも1つの行であるように処理しなければならない．また，多くの言語では行のようなファイル上での区切りが文のような言語上の区切りとは直接対応していない．いずれにしても，コンパイラは，ファイル上の区切りなどよりもその内容に着目して1字1字調べていく必要があるから，まとめて読み込んだ文字の集まりの中から実際に有効な文字だけを次々と取り出してくれる手続きを作っておけば，以後の処理ではファイル上の区切りなどを意識しないですむのですっきりする．それが文字読み取りの手続きである．それは字句解析の手続きから呼ばれ，呼ばれるたびに「原始プログラムの中の次の文字」を返す．すなわち，この手続きは次のようなものである．

(1) 読み込んだ原始プログラムの中で最後に返した文字の位置を覚えていて
(2) 呼ばれたら，その次の文字を返す．もし，返す文字がなかったらファイルから次の一かたまりを読み込んでその最初の文字を返す．

プログラム 4.1 は文字読み取りプログラムの例である．その例を見てもわかるように，本書では，プログラムはC言語（参考文献［KR 88］）で記述し，プログラムを読みやすくするために，次のように文字フォントを区別して使うことにする．

• 予約語やキーワードは太文字	例：**#include, char, if**
• 関数や手続き名は斜体文字	例：*nextChar*
• **typedef** で定義した名前は下線付き文字	例：KeyId
• 標準ライブラリ関数名は斜体太文字	例：***fgets, printf***
• 文字定数は丸いタイプライタ文字	例："end of file/n"

この関数 *nextChar* では，***fgets*** を使って1行単位で読み込み，それを ***fputs*** で別のファイルに出力している．その理由は，プログラムにエラーがあったときに，そのエラーメッセージを原始プログラムのエラーの場所に出力することを考えているからである．読み込んだ1行分の原始プログラムは文字型の配列 line に蓄える．lineIndex が上記項目(1)の「最後に返した位置を覚えている」変数である．項目(2)の「次の文字」は

```
ch = line[lineIndex++]
```

で取り出す．次の文字がなかったときは，この手続きの3行目の **if** 文で，次の1行を読み込む．ところで，コンパイルを開始して，原始プログラムの最初の文字を取り出すためにこの関数が呼ばれたときはどうなるであろうか．実は，そのときのためにこのプログラムでは，lineIndex の初期値が−1に設定してある．

[プログラム 4.1] 文字読み取り

```
#include <stdio.h>
#define MAXLINE 120              /* 1行の最大文字数 */

static FILE *fpi;                /* ソースファイル */
static FILE *fpo;                /* コンパイラの出力ファイル */
static char line[MAXLINE];       /* 1行分の入力バッファー */
static int lineIndex = -1;       /* 次に読む文字の位置 */

char nextChar()                  /* 次の1文字を返す関数 */
{
    char ch;
    if (lineIndex == -1){
        if(fgets(line, MAXLINE, fpi) != NULL){
            fputs(line, fpo);
            lineIndex = 0;
        } else {
            printf("end of file\n");  /* end of fileなら */
            exit(1);                  /* コンパイル終了 */
        }
    }
    if((ch = line[lineIndex++]) == '\n') { /* chに次の1文字 */
        lineIndex = -1;      /* それが改行文字なら次の行の入力準備 */
        return ' ';          /* 文字としては空白文字を返す */
    }
    return ch;
}
```

4.2 字句読み取り

字句とは，原始プログラムの中の一まとまりの文字の列で，プログラム上で意味のある最小の構成単位である．たとえば，変数名，定数，演算記号などである．字句はトークン（token）と呼ばれることもあるが，本書では，字句解析の結果として得られる字句の内部表現のことをトークンまたは符と呼ぶことにする．

字句読み取りの手続きは，状態遷移図を使うと考えやすい．たとえば

<名前> → <英字>{<英字> | <数字>}

という構文規則で定義される名前を読み取る状態遷移図は**図 4.1** のようになる．図の円の中の数字は状態番号を示し，2 重の円は最終状態を示す．この場合，最終状態は <名前> をちょうど読み終わった状態になりうる状態である．矢印に沿っている記号は，その矢印の根元の状態にいるときにその記号を次の文字として読み取ったら矢印の先の状態に移ることを示す．たとえば，状態 1 にいるときに <英字> を読み取ったら状態 2 に移る．1 文字だけの名前もあり得るから，その状態 2 が <名前> を読み終わった状態かもしれない．何文字かの名前のときは状態 2 に繰り返し移ることになる．状態 3 に移る直前の状態 2 が <名前> を読み終わった状態である．

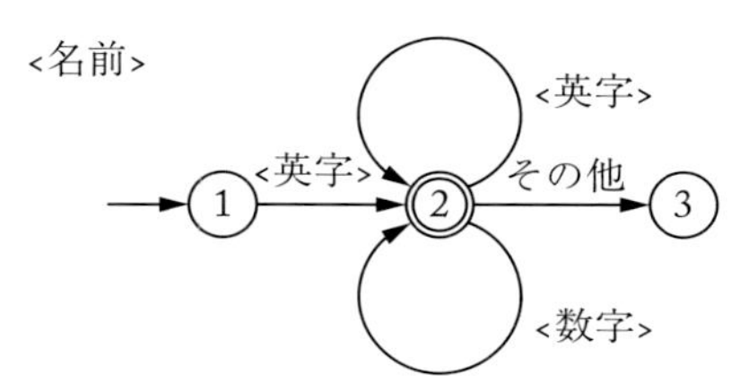

図 4.1 <名前> 読み取りの状態遷移図

状態遷移図は 3.2 節の構文図式から得られるとも考えられる．図 4.1 と図 3.1 とを比べてみるとよい．

状態遷移図からプログラムを作るためには，状態ごとにプログラム片を作っていけばよい．図 4.1 からはプログラム 4.2 が得られる．`charClassT` は文字の種類を示す配列であり，`charClassT[ch]` の値は `ch` が英字のとき `letter` であり，数字のとき `digit` であるものとする．*error*() はエラー処理の手続きである．

[プログラム 4.2] 名前読み

```
state1: ch = nextChar();
    if(charClassT[ch] == letter)
        goto state2;
    else
        error();
state2: ch = nextChar();
```

```
        if(charClassT[ch] == letter || charClassT[ch] == digit)
            goto state2;
        else
            goto state3;
    state3:
```

図 4.1 もプログラム 4.2 も <名前> を読むだけで，読み取ったものに対して何も処理していないが，実際のコンパイラでは何かの処理が必要である．たとえば，読み取ったものは文字型の配列 a に入れるとすれば，プログラム 4.3 が得られる．

[プログラム 4.3]　名前読み取り

```
    state1: ch = nextChar(); k = 0;
        if(charClassT[ch] == letter)
            goto state2;
        else
            error();
    state2: a[k++] = ch; ch = nextChar();
        if(charClassT[ch] == letter || charClassT[ch] == digit)
            goto state2;
        else
            goto state3;
    state2: backChar();
```

プログラム 4.3 にはもう 1 つ新しい文が挿入されている．最後の backChar(); である．その役割を説明しよう．1 つの名前を全部読み取って state3 へ移ったときは，その名前の次の 1 文字を読み取ってしまっている．名前の終わりはその次の 1 文字を読んで初めてわかるからである．しかし，その文字はいま読み込んだ名前の一部ではなく，次の字句の先頭の文字となるものであるから，元に返しておかなければならない．その手続きが backChar() である．それはたとえばプログラム 4.4 のようにして nextChar() の宣言と一緒に宣言しておけばよい．

[プログラム 4.4]　1文字戻し

```
void backChar()
{
    lineIndex--;
}
```

このような返却手続きによって，いつでも読み込みの対象となる字句の先頭から読み始められるようになり，プログラムがすっきりするといえる．しかし，一度読み取ったものを返却するのは無駄な処理とも考えられる．文字読み取りでは1文字先まで読んでしまう場合が多いから，いっそ1文字先読みしてあるのが正常な状態と考えれば，返却しなくてすむ．その考えでプログラム4.3を書き直したものがプログラム4.5である．それは最初の ch = *nextChar*(); と最後の *backChar*() を取り除いたものである．

[プログラム 4.5]　名前読み取り（1文字先読み）

```
state1:                 k = 0;
    if(charClassT[ch] == letter)
        goto state2;
    else
        error();
state2: a[k++] = ch; ch = nextChar();
    if(charClassT[ch] == letter || charClassT[ch] == digit)
        goto state2;
    else
        goto state3;
state3:     ;
```

本書では，以後この後者の「常に1文字先読みがしてある」という立場でプログラムを書くことにする．なお，次の構文解析の章では，同じように「常に1字句（トークン）先読みがしてある」という立場をとる．

もう少し複雑な例として

<名前> → <英字> {<英字> | <数字>}

<定数> → <数字> {<数字>}

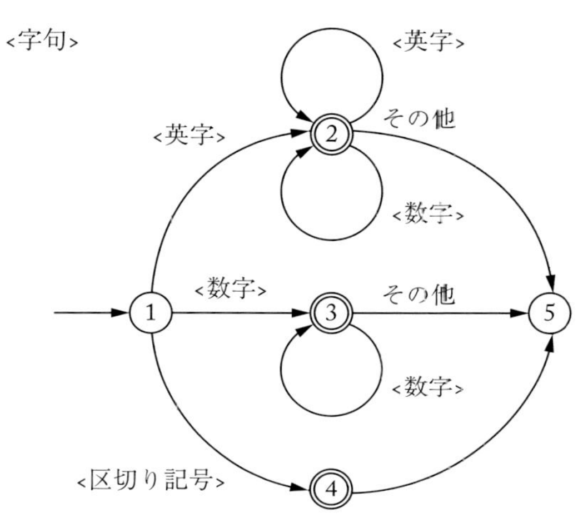

図 4.2　<字句> 読み取りの状態遷移図

　　<字句> → <名前> | <定数> | <区切り記号>

で定義された <字句> の読み取り手続きを考える．この構文規則を 1 つにまとめたものから**図 4.2** の状態遷移図が得られ，その図からプログラム 4.6 が得られる．

[プログラム 4.6]　<字句> 読み取り

```
state1: if(charClassT[ch] == letter)     goto state2;
    if(charClassT[ch] == digit)     goto state3;
    if(charClassT[ch] == delimiter)     goto state4;
    error();
state2: ch = nextChar();
    if(charClassT[ch] == letter || charClassT[ch] == digit)
        goto state2;
    else
        goto state5;
state3: ch = nextChar();
    if(charClassT[ch] == digit)
        goto state3;
    else
        goto state5;
```

```
state4: ch = nextChar();     goto state5;
state5:
```

プログラム4.6は，変数chに常に1文字先読みしてあるという立場で書かれている．state4では，すでに区切り記号の読み込みは終わっているのであるが，1文字先読みしてあるという条件を保つために「ch = nextChar();」が挿入されている．

通常のプログラム言語では，字句の間に任意に空白（スペース）を入れてよいというものが多い．その場合はまずその空白を読み捨てる必要がある．そのためには，state1の先頭に

```
while(ch == ' ') ch = nextChar();
```

を挿入すればよい．

4.3　正規表現と有限オートマトン

4.3.1　正規表現

前節での字句読み取りの状態遷移図の作り方を見ると，字句の文法が与えられればそれから機械的に得られそうな気がする．実際，字句の定義が**正規表現**（regular expression）の形でなされていればそれが可能である．

【定義4.1】　アルファベットA上の正規表現とは，以下の規則によって作られる表現のことである．

(1)　ε（空記号列）は正規表現である．

(2)　Aの要素a（$a \in A$）は正規表現である．

(3)　RとSが正規表現ならば$R \mid S$，RS，R^*も正規表現である．

なお，(3)の場合，結合の優先順位はR^*が一番高く，$R \mid S$が一番低い．結合の順序を示すために括弧を使ってもよい．

【例】　A＝{a,b,c}上の正規表現の例

ε, b, ab, ccb, ab | b, ccb | ab, c(cb | a)b, c(cb | a)*b, ab*, a(a | b)*, a(a | b)*bb*

ここでccb | abは（ccb) | (ab）と同じであり，ab*はa(b*）と同じである．

正規表現に対して，その値（あるいは言語）と呼ばれる記号列の集合を定義する．正規表現とその値との関係は，文法とその言語との関係に対応する．

【定義4.2】　アルファベットA上の正規表現Rの値（あるいは言語）をL(R)

と書く．それは以下のように定義される．

(1)　$L(\varepsilon)=\{\varepsilon\}$

(2)　$L(a)=\{a\}$，ただし $a \in A$

(3)　R と S が正規表現ならば

$$L(R \mid S)=L(R) \cup L(S),\quad L(RS)=L(R)L(S),\quad L(R^*)=L(R)^*$$

定義 4.2 の最後の $L(R)^*$ は集合 $L(R)$ の閉包である．この定義の意味は次のように解釈できる．「|」は「または」を意味する．すなわち $x \in L(R \mid S)$ であるのは，$x \in L(R)$ であるかまたは $x \in L(S)$ のときである．同様に，RS は R と S の連結を意味し，R^* は R の 0 回以上の繰返しを意味する．

【例】　前記の正規表現の例について

$$L(ab)=\{ab\},\quad L(ccb \mid ab)=\{ccb, ab\},\quad L(c(cb \mid a)b)=\{ccbb, cab\},$$

$$L(c(cb \mid a)^*b)=\{c\}\{cb, a\}^*\{b\}$$

$$=\{cb, ccbb, cab, cacbb, caab, ccbcbb, ccbab, \cdots\}$$

アルファベット A＝{<英字>, <数字>} 上の正規表現

<英字>(<英字> | <数字>)*

の値は

L(<英字>(<英字> | <数字>)*)＝{<英字>} {<英字>, <数字>}*

であり，<英字> で始まり，その後に <英字> または <数字> が 0 個以上付いたものの集合である．これは

<名前> → <英字>{<英字> | <数字>}

という構文規則で定義される文法の言語と一致する．一般に，生成規則の右辺に正規表現を使った文法は**正規右辺文法**（regular right part grammar）という．それは拡張バッカス記法を使った文法に相当する．本書では，正規右辺文法という場合も，拡張バッカス記法にあわせて，0 回以上の繰返しの記法としては，R^* の代わりに {R} を使うことにする．

正規表現 R の言語は，R を右辺に持つ 1 つの生成規則からなる正規右辺文法の言語に等しい．すなわち $G=\{\{S \rightarrow R\}, S\}$ としたとき，$L(R)=L(G)$ である．

以下では，字句の文法が正規表現として与えられたとき，それから機械的に字句読み取りの状態遷移図を生成する方法を説明する．その方法は，正規表現から非決定性有限オートマトンを生成し，それを決定性有限オートマトンに変換するものである．

4.3.2　正規表現から非決定性有限オートマトンへ

有限オートマトン（finite automaton）とは，有限個の内部状態を持ち，与えられた記号列を読みながら状態遷移し，その記号列がある言語の文であるかどうかを判定する（認識するといわれる）ものである．言語Lの文を認識できる有限オートマトンは，Lの認識器と呼ばれる．

正規表現Rが与えられたとき，L(R)を認識する**非決定性有限オートマトン**（Nondeterministic Finite Automaton：以下では**NFA**と略記する）は，以下の規則に従って生成できる．正規表現の定義は定義4.1の(1)〜(3)で与えられているから，そのそれぞれに対応する規則を与えれば，すべての正規表現に対して規則を与えたことになる．

NFAの作成法：アルファベットA上の正規表現Rに対応するNFAは

(1)　R＝εなら

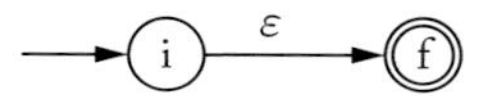

(2)　R＝a（a∈A）なら

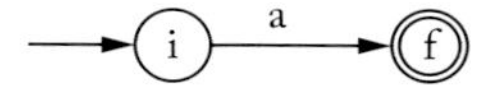

(3)　RとSが正規表現で，それらに対応するNFAが

ならば（ここで，(R)は，Rに対応するNFAのⓘとⓕとの間の状態遷移図を省略して書いたものとする），

R | Sに対応するNFAは

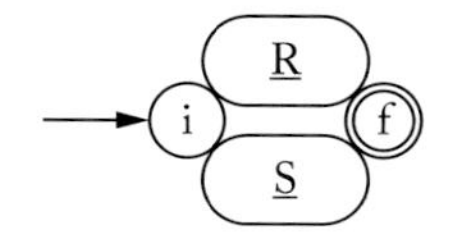

RSに対応するFNAは

R*に対応するNFAは

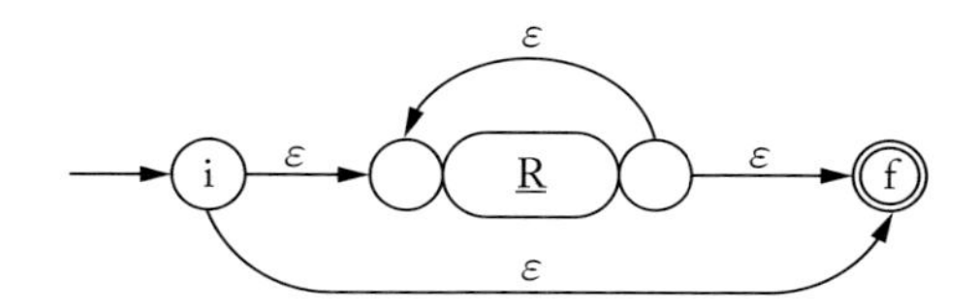

ここで，ⓘは初期状態，ⓕは最終状態である．R | S に対応する NFA は，R の NFA の初期状態と S のそれとを同一の状態にし，最終状態についても同様にしたものである．RS に対応する NFA は，R の NFA の最終状態と S の NFA の初期状態とを同一の状態にしたものである．(2)の NFA は a を読んだとき初期状態から最終状態に遷移するものであり，(1)の NFA は何も読まずに初期状態から最終状態に遷移するものである．

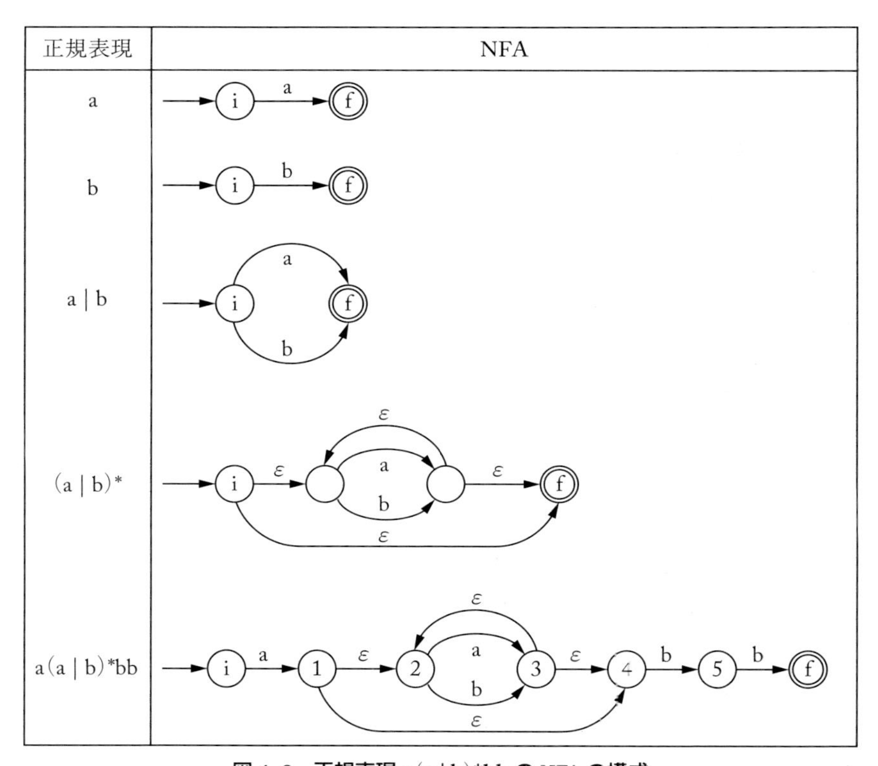

図 4.3　正規表現 a(a | b)*bb の NFA の構成

上記の作成法に従ってアルファベット A＝{a, b} 上の正規表現 a(a | b)*bb の NFA を構成する様子を**図 4.3** に示す．

記号列 x がオートマトンによって受理されるとは，その初期状態から x を読み始め，x を読み終わったときにちょうど最終状態になるような遷移が 1 つはあるということである．言い換えれば，初期状態から最終状態までのある道（path）があって，その道に沿って，付けられている記号を並べたものが x と一致することである．その場合，ε はないのと同じである．オートマトンによって受理される記号列の集合を，そのオートマトンによって定義される言語という．正規表現から上記の作成法に従って NFA を構成すれば，両者の定義する言語は一致する．

たとえば，記号列 ababb は図 4.3 の NFA の道

$$\rightarrow (i) \xrightarrow{a} (1) \xrightarrow{\varepsilon} (2) \xrightarrow{b} (3) \xrightarrow{\varepsilon} (2) \xrightarrow{a} (3) \xrightarrow{\varepsilon} (4) \xrightarrow{b} (5) \xrightarrow{b} ((f))$$

によって得られるから，この NFA によって受理される．したがって，ababb は正規表現 a(a | b)*bb の言語の文である．

4.3.3　非決定性有限オートマトンから決定性有限オートマトンへ

前記の非決定性有限オートマトンでは，1 つの入力記号に対して複数個の状態遷移の可能性がある．たとえば，先の入力記号列 ababb の例では，最初の ab によって状態 3 に遷移しているが，先頭の a によって状態 1 に遷移したとき，ε 遷移によって状態 4 に遷移してから次の b によって状態 5 に遷移することもできる．このような複数の遷移の可能性がないのが**決定性有限オートマトン**（Deterministic Finite Automaton，以後 **DFA** と略記する）である．

【定義 4.3】　決定性有限オートマトンとは，次の条件を満たす有限オートマトンである．

(1)　ε による遷移がない

(2)　1 つの状態から同じ記号による異なった状態への遷移はない

幸いなことに，任意の NFA に対してそれと同じ言語を受理する DFA が存在する．そして，それを求めるアルゴリズムが存在する．まず，その DFA の求め方の概略を以下に説明する．

図 4.3 の a(a | b)*bb の NFA を例にとる．初期状態から始めて，決定性の条件に合わない遷移があったら，それを条件に合うように変換していくことにする．

まず，初期状態から a によって状態 1 に遷移するところは問題ないが，状態 1 からは ε 遷移があるのが問題である．ε 遷移を消すためには

$$(s) \xrightarrow{\varepsilon} (t)$$

の s に遷移したときには，「s かもしれないし t かもしれない」という「1 つの」状態

(s, t)

に遷移したとと考えればよい．この例では

$$\rightarrow (i) \xrightarrow{a} (1,2,4)$$

となる．すなわち，a によって「1 かもしれない 2 かもしれない 4 かもしれない」という 1 つの状態に遷移する．次に，この状態 (1,2,4) からの a 遷移を考える．それにはもとの NFA の状態 1, 2, 4 からの a 遷移を考えればよい．この場合，状態 1 からの a 遷移はないし，状態 4 からの a 遷移もない．状態 2 からは a で状態 3 に遷移し，状態 3 からは状態 2 と状態 4 への ε 遷移があるから，結局，(1,2,4) からの a 遷移の行き先は (2,3,4) である．

$$\rightarrow (i) \xrightarrow{a} (1,2,4) \xrightarrow{a} (2,3,4)$$

次に，状態 (1,2,4) からの b 遷移を考える．もとの状態 1 からの b 遷移はない．状態 2 からの行き先は，a 遷移のときと同様に (2,3,4) である．しかし，今度は状態 4 からの b 遷移もあるからそれを含める必要がある．その行き先は状態 5 であるから結局次のようになる．

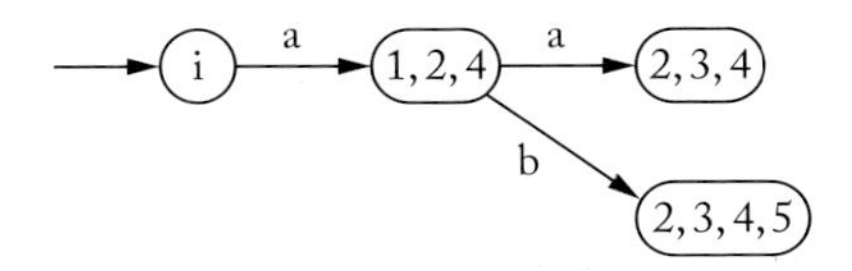

以下同様にして，**図 4.4** の DFA が得られる．そこでの最終状態は，もとの NFA での最終状態を含んだ状態 ((2,3,4,5,f)) である．

前節の最後の例 ababb は，図 4.4 の DFA では

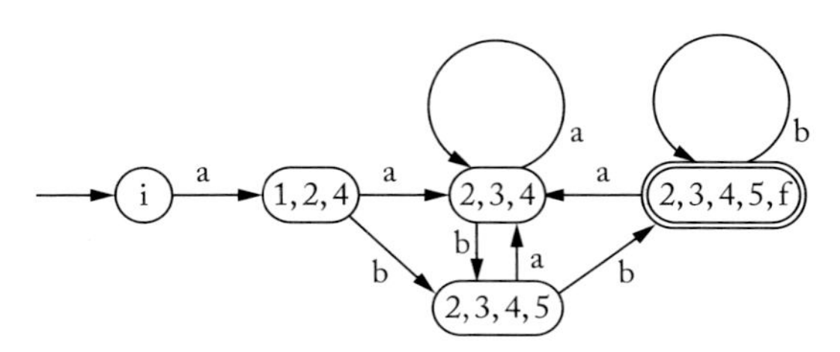

図 4.4　正規表現 a(a | b)*bb の DFA

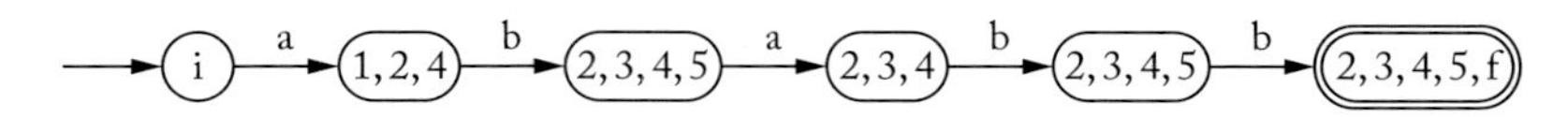

と遷移して受理される．

以上に例題を使って述べたことをアルゴリズムとしてまとめると次のようになる．

DFA の作成法：NFA に対応する DFA は以下の手順で作成できる．

(1)　NFA の初期状態とその初期状態から ε 遷移でたどれるすべての状態からなる集合を DFA の初期状態とする．

(2)　状態の集合からの遷移は，その集合の要素からの遷移の合併とする．すなわち，状態の集合 $D=\{x_1, x_2, \cdots, x_n\}$ からの a 遷移の行き先は，もとの NFA で $(x_i) \xrightarrow{a} (y)$ なる遷移が存在するすべての y，およびその y から ε 遷移でたどれるすべての状態からなる集合とする．この集合を D′ としたとき，DFA での遷移は $(D) \xrightarrow{a} (D')$ となる．

(3)　上記(2)を，新しい集合（DFA での状態）および遷移が得られなくなるまで繰り返す．

4.3.4　有限オートマトンの状態数の最小化

実は図 4.4 の DFA には冗長な状態がある．説明を簡単にするために図 4.4 の状態番号を**図 4.5** のように付け替えておく．ここで図 4.5 の状態遷移を**表 4.1** の形で表現してみる．これは状態遷移表と呼ばれる．この表を見ると，状態 1 からの遷移と 2 からの遷移がまったく同じであることがわかる．したがって，状態 1 と 2 を区別する必要はなく，同一視してもよい．状態 3 と f からの遷移も同じであるが，この 2 つの状態は同一視することはできない．なぜなら，状態 f は最終状態であるが，状態 3 はそうではないからである．状態 1 と 2 を同一視すると

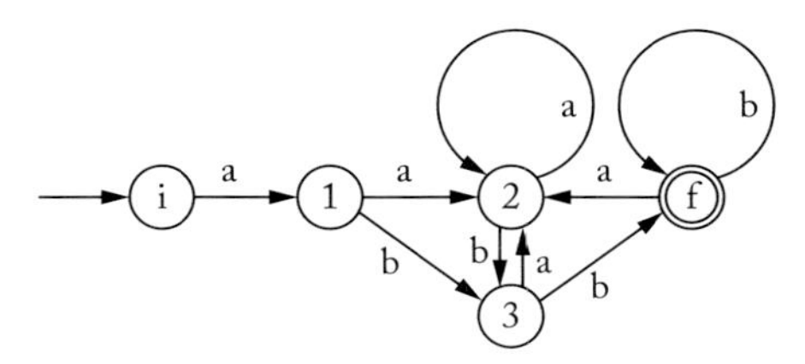

図 4.5　a(a | b)*bb の DFA

表 4.1　図 4.5 の状態遷移表

状態	a 遷移	b 遷移
i	1	
1	2	3
2	2	3
3	2	f
f	2	f

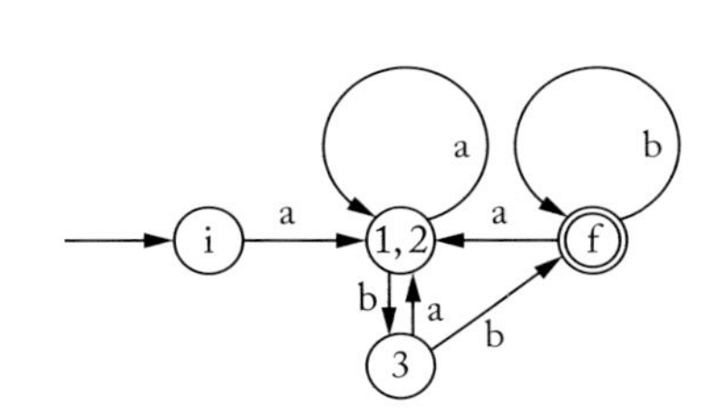

図 4.6　a(a | b)*bb の DFA（状態数最小）

図 4.6 の DFA が得られる．この DFA にはもう冗長な状態はない．すなわち，これが状態数最小の DFA である．

一般に状態 s と t を同一視して合併してしまえるのは，s から最終状態に至るまでに読む記号列と，t からのそれが一致する場合である．そのような状態をすべて合併してしまえば，状態数最小の DFA を得ることができる．アルゴリズムとしては，初めすべての状態を同一視の候補としておき（ただし，最終状態とそれ以外とは分ける），同一視できないものをそれから分けていけばよい．

状態数最小化のアルゴリズム：

(1)　与えられた DFA の状態を，その最終状態からなる集合とそれ以外の状態の集合の 2 つの集合に分ける．

(2)　各集合を遷移の種類によって分割する．すなわち，その集合の要素 s，t からの遷移の種類が同じであれば同じ集合に入れ，そうでなければ別の集合に入れる．

(3)　各集合を遷移先によって分割する．すなわち，その集合の要素 s，t から同じ記号による遷移で別の集合（この分割前の集合で）の要素に行くものがあれば別々の集合に入れる．

(4)　上記(3)を繰り返して，どの集合もさらに分割できなくなったら終わる．そのときの各集合を状態とする DFA が求めるものである．

上記のアルゴリズムを図4.5のDFAあるいは表4.1に適用してみる．**表4.2**はアルゴリズムの(1)と(2)を適用した結果を太線で示したものである．まず(1)により，状態fだけからなる集合とそれ以外からなる集合に分けられ，次に(2)により，状態iだけが別集合となる．この表の状態1，2，3からなる集合の中で，状態3からのb遷移の行き先だけが別集合になっているので，状態3が別集合に分けられる（したがって，状態2と3の間が太線になる）．それ以上は分けることができない．この結果から図4.6と同じDFAが得られる．

表4.2　図4.5の状態の集合

状態	a遷移	b遷移
i	1	
1	2	3
2	2	3
3	2	f
f	2	f

以上のように，正規表現が与えられたとき，その言語を認識するDFA，すなわち字句読み取り手続きを機械的に（決まったアルゴリズムで）作り出すことができる．そのアルゴリズムをプログラム化すれば字句読み取り手続きの自動生成が可能になる．そのようなものの例としてよく知られたものにUnixのlex［Lev 90］がある．

lexのようなツールを使えば，字句の定義をlexの書き方に従って与えるだけで，字句読み取り（字句解析）の手続きは自動的に生成されるから，もう字句解析の問題について考えることはないと思われるかもしれない．確かに，そういえないこともないが，

(1)　そのようなツールが手元にない．

(2)　そのようなツールで自動生成されるものより効率の良いものを作りたい．

(3)　そのようなツールではうまく書けない，自分で直接書いてみたい．

といった場合には，手書きで書くことになる．そのようなことを考慮して，次節でいくつかの例を取り上げる．ツールでうまく書けない例としてはC言語のコメントを取り上げる．

4.4　字句読み取りプログラムの例

4.4.1　浮動小数点定数の読み取り

実際のプログラム言語から例を取り上げ，字句読み取り手続きを作ってみよう．C言語（参考文献［JIS C 03］の浮動小数点数は次の構文規則によって定義される（実際には，浮動小数点数の最後には，FやLなどの接尾語が付き得るし，指数部のEの代わりにeも許されるが，ここでは簡単のためにそれらを省略した）．

浮動小数点定数　→　小数点定数(ε | 指数部) | 数字列 指数部

小数点定数　→　(ε | 数字列). 数字列 | 数字列.

指数部　→　E(ε | 符号)数字列

符号　→　+ | −

数字列　→　数字 | 数字列 数字

これから正規表現を得るためには，右辺にある非終端記号を，それを左辺に持つ構文規則の右辺で（必要ならばそれを括弧で括って）置き換えていけばよい．なお，以下では短く表現するために「数字」を「d」と書く．

浮動小数点定数　→　((ε | 数字列). 数字列 | 数字列.)(ε | 指数部)
　　| 数字列 指数部

浮動小数点定数　→　((ε | 数字列). 数字列 | 数字列.)(ε | E(ε | 符号)
　　数字列) | 数字列 E(ε | 符号)数字列

浮動小数点定数　→　$((\varepsilon \mid dd^*).dd^* \mid dd^*.)(\varepsilon \mid E(\varepsilon \mid + \mid -)dd^*)$
　　$\mid dd^*E(\varepsilon \mid + \mid -)dd^*$

上記の最後の右辺が求める正規表現である．これからNFAとDFAを求めてみよう．それを手作業で行う場合は，省略できる状態は初めから省略していったほうがよい．たとえば，d^* のNFAは

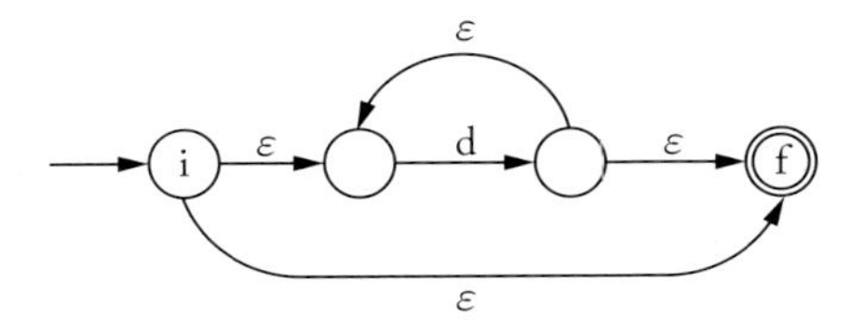

であるが，状態数を1つ減らして

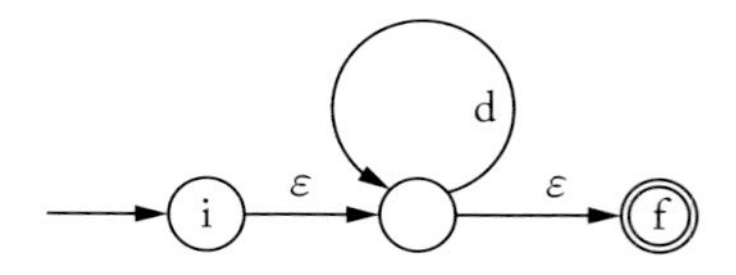

としてもよい．ここにある2つのε遷移は一般には省略できない．たとえば，a | d* の NFA は

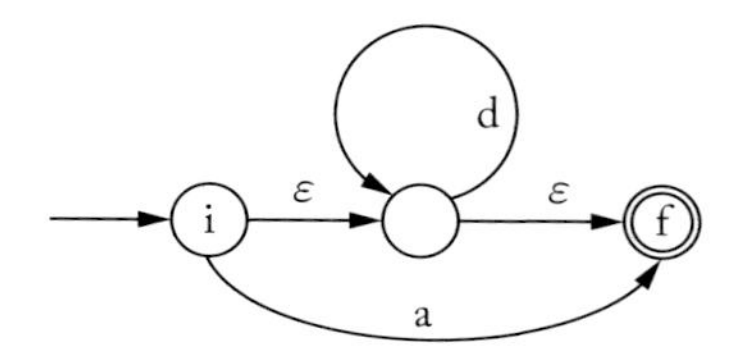

となる．しかし，d* の NFA と他の NFA を合併したときに，この a 遷移のような初期状態 i からの遷移がつけ加えられないときは左側のε遷移を省略できる．また，最終状態 f への遷移がつけ加えられないときは右側のε遷移を省略できる．たとえば，dd* の NFA は，d* の NFA の左側のε遷移を省略して

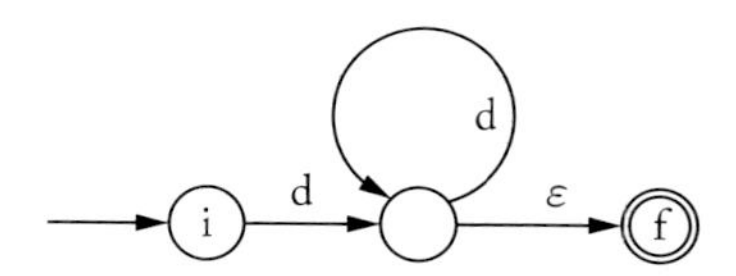

としてもよい．ここで右側のε遷移を省略してないのは，この NFA をさらに他の NFA と合併したときに最終状態 f への遷移がつけ加えられる可能性があるからである．

C 言語の浮動小数点定数の NFA と DFA を上記の正規表現から求めると**図 4.7** と**図 4.8** のようになる．さらに状態数最小の DFA を求めると**図 4.9** のようになる．

lex のようなツールを使えば，前記の正規表現を与えるだけで図 4.9 に相当するプログラムが生成されるのであるが，そのプログラムは浮動小数点定数を認識するだけで，その値を計算機の内部表現に変換してくれるわけではない．その変換プログラムは別途必要になる．その場合，浮動小数点定数の文字列は，認識す

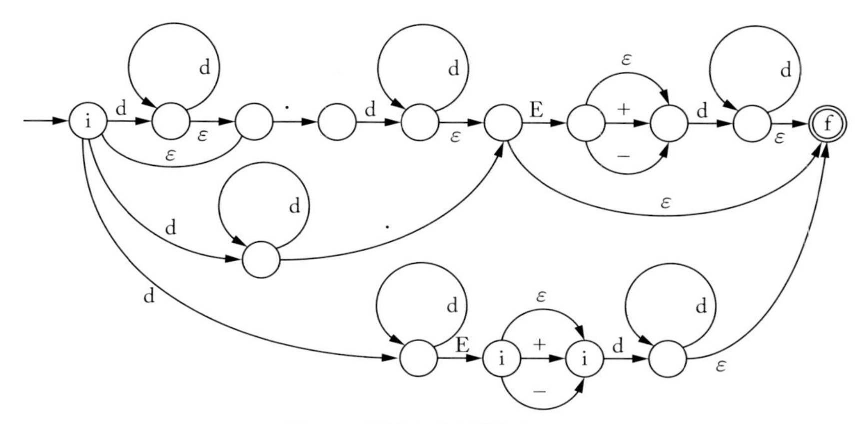

図 4.7　浮動小数点定数の NFA

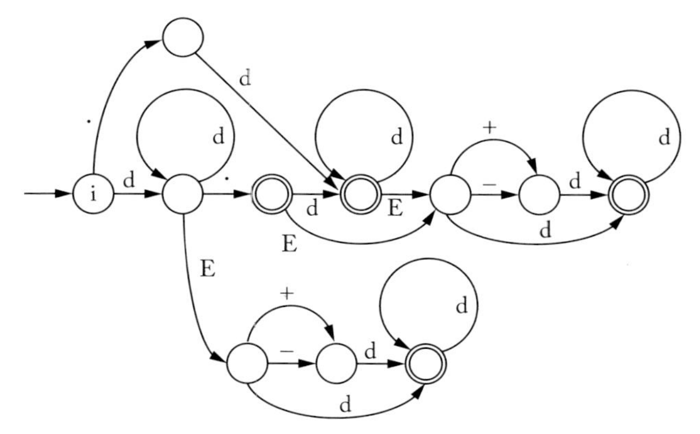

図 4.8　浮動小数点定数の DFA

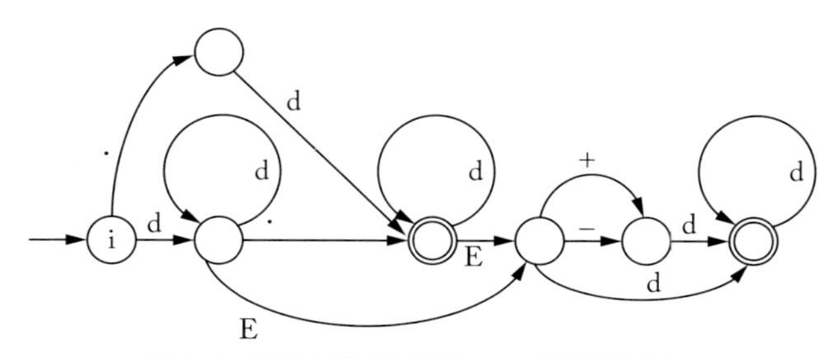

図 4.9　浮動小数点定数の DFA（状態数最小）

るためと変換するために2回読まれることになる[1)]．そこで，ここでは，文字列を1回読むだけで認識し変換するプログラムを，図4.9をもとに書いてみることにする．その結果がプログラム4.7である．

[プログラム4.7]　浮動小数点定数の読み込み

```
/* x.yE±z の形の浮動小数点定数を読み込む */
int b;        /* xy を整数と見た数 */
int e;        /* y の桁数 */
int i;        /* z の値 */
char sign;    /* 指数の符号 */
....
statei: b = 0; e = 0; i = 0;
    if(ch == '.') {
        ch = nextChar();
        if(charClassT[ch] != digit) error();
        b = ch - '0'; e = 1;
    } else if(charClassT[ch] == digit) {
        do {
            b = 10 * b + ch - '0';
            ch = nextChar();
        } while(charClassT[ch] == digit);
        if(ch == 'E') goto exp;
        if(ch != '.') error();
    } else error();
    ch = nextChar();
    while(charClassT[ch] == digit) {
         b = 10 * b + ch - '0';
         e++; ch = nextChar();
    }
    if(ch != 'E') goto calc;
exp: sign = '+'; ch = nextChar();
    if(ch == '+' || ch == '-') {
        sign = ch; ch = nextChar();
    }
    while(charClassT[ch] == digit) {
```

1)　認識と変換を同時に行うプログラムを自動生成することが考えられないわけではない．たとえば，参考文献［中田86］を参照．

```
            i = 10 * i + ch - '0';
            ch = nextChar();
        }
    calc: /* ここで「b*10^(sign i - e)」の計算を行う */
```

プログラム 4.7 で浮動小数点定数を読み取ると，b，e，i にそれぞれ整数が入っており，sign に '+' か '-' が入っていることになる．読み取った浮動小数点定数の値は「$b*10^{\mathrm{sign}\ i - e}$」であるから，その値の浮動小数点表示（実数型）の内部表現を作り出さなければならない，その変換は一見簡単であるが細かいところでいくつか問題がある．通常は

(1)　b を浮動小数点表示（実数型）に変換して B とする．

(2)　$j=\mathrm{sign}\ \mathrm{i} - \mathrm{e}$ を求める．

(3)　$B\times 10^j$ の計算をする．

とすればよい．ここで(1)と(2)は問題ない．(3)にはいろいろな方法が考えられる．

(i)　$T_1[k]=10^k$ $(-m\leq k\leq n)$ となる定数の配列 T_1 を作っておき，$B\times T_1[j]$ の計算をする．ここで 10^{-m}，10^n はその計算機の浮動小数点表示で表現できる絶対値最小，および最大の（10 のべきの形の）数である．

この方法には次のような精度の問題がある．たとえば「1.0」を読み取ったときは b＝10，i＝0，e＝1 であるから $B=10$，$j=-1$，したがって 10×10^{-1} の計算をすることになるが，10^{-1} は一般には計算機の内部表現では正確に表現されない（10 進法の 0.1 は 2 進法では無限小数）．この問題を解決するためには次のような方法が考えられる．

(ii)　$T_2[k]=10^k$ $(0\leq k\leq n)$ となる定数の配列 T_2 を作っておき，$j\geq 0$ なら $B\times T_2[j]$，$j<0$ なら $B\div T_2[-j]$ の計算をする．

これで一応解決できるが，それで精度の問題がすべて解決されたわけではない．たとえば，8 バイトの浮動小数点表現での精度は，表現形式にもよるが，10 進で 15 桁か 16 桁であるから 10^k $(0\leq k)$ の定数がすべて正確に入るわけではない．$10^k=5^k2^k$ は整数型の表現では後ろに 0 が続くから，浮動小数点表現では 10^{16} 以上の数でも正確に入るが，それでも 10^{24} くらいまでである．この値は，IBM などの昔のメインフレーム・コンピュータの表現形式の場合でも，現在標準的に使われている IEEE 標準の表現形式の場合でも 8 バイト表現ではほぼ同じである．誤差のある定数を使って計算すればその結果にも誤差がある．

誤差を，そのデータの内部表現の最下位ビットの1/2以内におさめるためには，単精度の場合は倍精度の定数を使って計算し，倍精度の場合は3倍精度または4倍精度の定数を使って計算することも必要になる．実際に商用のコンパイラで精度を重要視する場合には，このような計算をしている．この場合，ハードウェアの浮動小数点演算の機能を越える計算についてはソフトウェアで実現する必要がある．

上記(i)，(ii)の方法はメモリを比較的多く必要とする．たとえば，IEEE標準の表現形式で倍精度（8バイト）の場合1 024個の定数が必要になる．メモリを節約する必要があれば乗算・除算の回数を増やせばよい．その方法はいろいろあるが，たとえば次のようにする．

(iii)　$T_3[k]=10^{k'}$（$k'=2^k:0\leq k\leq r$，ただし r は $2^r\leq n$ となる最大の整数）

となる定数の配列 T_3 を作っておき，$|j|=\sum_{i=0}^{r} c_i 2^i$ となる c_i（c_i は 0 か 1）を求め，$10^{|j|}$ を $\prod_{c_i=1} T_3[i]$ として計算する．

定数計算のもう1つの問題に，表現できる範囲の問題がある．たとえば，上記の(i)の k が $-38\leq k\leq 38$ である場合に「2.00001E－34」を読み取ったとする．その値は表現できる範囲内である．しかしこの場合，b＝200001，i＝34，e＝5であるから，$B=200001.$，$j=-39$ となって

$$200001./10^{39}$$

の計算をすることになるが，10^{39} が表現できないからこの計算ができない．この問題を解決するためには，たとえば次のようにすることが考えられる．10^{39} に対しては代わりに $10^{39}\times 2^{-4}<10^{38}$ を定数として用意しておき，$200001./10^{39}$ の代わりに $200001./(10^{39}\times 2^{-4})=(200001./10^{39})\times 2^4$ の計算をする．その結果の指数部から4を引けば求めるものが得られる．

4.4.2　コメントの読み取り

C言語のコメントを読み取るプログラムを考えてみよう．C言語のコメントは「/＊」で始まり「＊/」で終わる文字列である．これを正規表現で定義するのは意外にむずかしい．正規表現としては

　　/＊「＊/以外の文字列」＊/

の形に書ければよいのであるが，「＊/以外の文字列」を正規表現にするのがむずかしい．そこで，コメントの定義を

/＊「任意の文字列」＊/

と書いてみる．この定義によれば「/＊」のあとの「＊/」はコメントの終わりの「＊/」かもしれないし，「任意の文字列」の中の「＊/」かもしれない．したがって，これから得られるDFAでは「/＊」のあとの最初の「＊/」を読んだ状態は最終状態ではあるが，そこからさらに遷移が出ている．その最終状態からの遷移をないことにすれば，最初の「＊/」を読んだところで終わることになる．それが，もとのコメントの定義に対するDFAである．そのDFAから逆に正規表現を導き出すこともできる．もともと作りたかったのはコメントの読み取りのプログラムであり，正規表現が目的であったわけではないからそれは必要ないが，結果の正規表現を見ればそれを直接書くのがむずかしいことはわかるであろう．

そのDFAを求めるために，任意の1文字を示す特別な記号「•」を導入することにする．それを使うと「任意の文字列」の正規表現は「•*」となる．「•」を含んだNFAからDFAへの変換規則は，直感的には**図4.10**のようになる．ここで，[^ab]はa，b以外の1文字を示す．すなわち，状態sからtへの•遷移がある場合は，sからの他の遷移先にtを加え，•遷移は，sからの他のどの遷移でもない場合の遷移とすればよい．

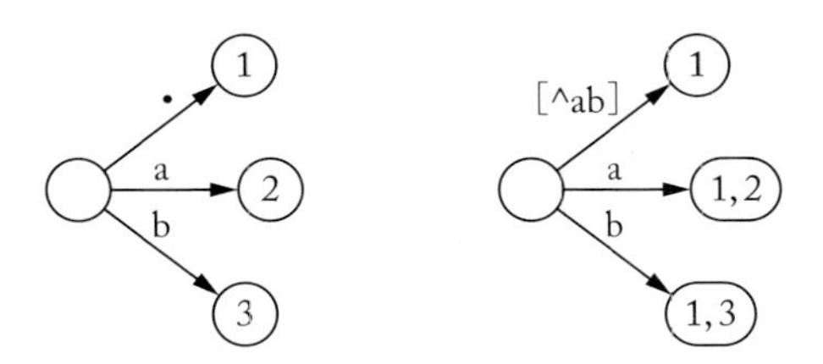

図4.10　任意記号を含んだNFAからDFAへ

いまのコメントに関しては，

/＊•*＊/

のNFAは**図4.11**の上段のようになり，それから得られるDFAは図4.11の下段のようになる．そのDFAから点線の遷移を取り除いたものが求めるコメントのDFAである．このDFAから逆にコメントの正規表現を求めると，たとえば

/＊([^＊] | ＊＊*[^＊/])*＊＊*/

といったものが得られる．

実は，このコメントを読み捨てるプログラムとしてプログラム4.8を考えるの

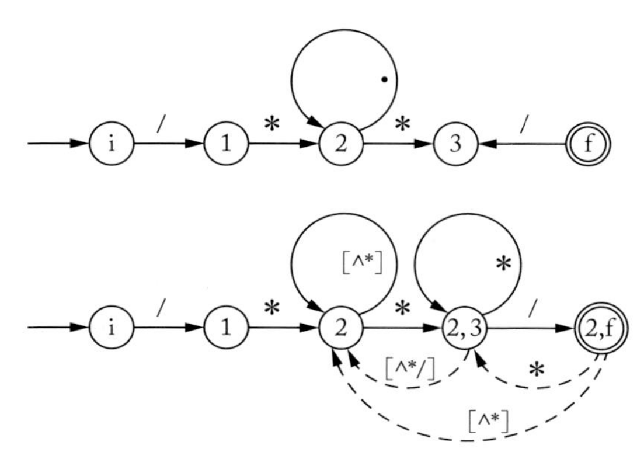

図 4.11　コメントの NFA と DFA

は比較的簡単である．このプログラムが短くできているのは，最後の **while** で '/' でないと判定した ch を **do** の中の **while** でもう一度 '*' でないか判定しているからである．通常の有限オートマトンではこのように 1 つの文字を 2 回判定することはできない（本節では任意文字の記号を導入して正規表現を拡張したが，それとは違った拡張をして，プログラム 4.8 に相当するオートマトンを生成することを考えることもできる（参考文献［中田 93]）．

[プログラム 4.8]　コメントの読み捨て

```
/* 最初の「/*」を読んで、その次の文字は ch にある */
do{
    while (ch!='*') ch = nextChar();
    ch = nextChar();
} while (ch!='/');
```

ところで

「*/以外の文字列」*/

を見つけることは，最初の「*/」を見つけることになる．すなわち「*/」というパターンにマッチする最初のものを探していることになる．一般に，正規表現 α に対して

$\bullet^{*}\alpha$

の DFA を作り，その最終状態からの遷移を取り除いたものは，最初の α を探す

パターンマッチングのアルゴリズムに相当する．αが文字列であるときは，それはKnuth–Morris–Prattのパターンマッチング・アルゴリズムとしてよく知られているものに相当する（参考文献［中田93］）.

4.4.3 PL/0′の字句解析プログラム

以下のプログラムで，KeyIdは文字の種類かトークンの種類を表すものであり，Tokenはトークンの種類（kind）とその値（名前のときはid，数値のときはvalue）からなる．それらの定義は付録のプログラムのgetSource.h（p.165）にある．また，KeyWdTは予約語や記号の綴りとKeyIdとの対応表でありgetSource.c（p.167）にある.

［プログラム4.9］ PL/0′の字句解析プログラム

```
Token nextToken()              /* 次のトークンを読んで返す関数 */
{
    int i = 0;
    int num;
    KeyId cc;                  /* ccは文字の種類を示す */
    Token temp;
    char ident[MAXNAME];
    while (ch == ' ' || ch == '\t')
                                   /* 次のトークンまでの空白の読み捨て */
        ch = nextChar();
   switch (cc = charClassT[ch]) {
   case letter:                    /* identifier */
        do {
            if (i < MAXNAME)
                ident[i] = ch;
            i++; ch = nextChar();
        } while (charClassT[ch] == letter
            || charClassT[ch] == digit);
        if(i >= MAXNAME){
            errorMessage("too long");
            i = MAXNAME - 1;
        }
        ident[i] = '\0';
```

```
        for (i=0; i<end_of_KeyWd; i++)
            if(strcmp(ident, KeyWdT[i].word) == 0) {
                temp.kind = KeyWdT[i].keyId; /* 予約語の場合 */
                return temp;
            }
        temp.kind = Id;        /* ユーザの宣言した名前の場合 */
        strcpy(temp.u.id, ident);
        break;
    case digit:                /* number */
        num = 0;
        do {
            num = 10*num+(ch-'0');
            i++; ch = nextChar();
        } while (charClassT[ch] == digit);
        if(i > MAXNUM)
            errorMessage("too large");
        temp.kind = num;
        temp.u.value = num;
        break;
    case colon:
        if((ch = nextChar()) == '=') {
            ch = nextChar();
            temp.kind = Assign;       /* ":=" */
            break;
        } else {
            temp.kind = nul;
            break;
        }
    case Lss:
        if((ch = nextChar()) == '=') {
            ch = nextChar();
            temp.kind = LssEq;        /* "<=" */
            break;
        } else if (ch == '>') {
            ch = nextChar();
            temp.kind = NotEq;        /* "<>" */
            break;
        } else {
            temp.kind = Lss;
```

```
                break;
            }
        case Gtr:
            if((ch = nextChar()) == '=') {
                ch = nextChar();
                temp.kind = GtrEq;        /* ">=" */
                break;
            } else {
                temp.kind = Gtr;
                break;
            }
        default:
            temp.kind = cc;
            ch = nextChar(); break;
        }
        return temp;
    }
```

演習問題

1. 以下の文字列を表す正規表現を書け．

(**1**) a, b, c からなる文字列で先頭が a で最後が c（たとえば，aabbc）

(**2**) a, b, c からなる文字列で，2 つの隣り合う a か，または 2 つの隣り合う b を含む（たとえば，acbbabc, bacaa）

(**3**) a, b, c からなる文字列で，奇数個の a を含む（たとえば，acbbabca, aabac）

(**4**) 2 進数（0, 1 からなる文字列）で，値が偶数で 8 以上のもの（たとえば，10110）

2. 以下の正規表現について

(a) 非決定性有限オートマトン NFA

(b) 決定性有限オートマトン DFA

(c) 状態数最小の DFA

を求めよ．

(**1**) (a | b)*a(a | b)

(**2**) (ab | bc)*a(b | c)

(**3**) (a | b)*ab(a | b)*c

(**4**) (a | b | ε) (ab | b)*bc

(**5**) (ab | c)*c(bc | a)*

(**6**) (ab | c)*(bc | a)*

3．以下の5つの単語を区別せず，そのどれかであることを判別する状態数最小のDFA（NFAの最終状態は1つ）と5つの単語を区別して判別する状態数最小のDFA（NFAの最終状態は5つ）を求めよ．

cool | cooler | compiler | computer | code

4．浮動小数点定数を読み取って内部表現に変換するプログラムを書き，種々の定数について，そのプログラムでどの程度正確に変換されるか調べてみよ．また，手近にあるコンパイラではどうなるか調べてみよ．

5
下向き構文解析

構文解析の手法はコンパイラの中でも理論的に最もよく研究され，その成果が実際のコンパイラの作成にも適用されているものである．最初にその理論と実際の歴史を簡単に述べてから，構文解析の手法の中で直観的に最もわかりやすい再帰的下向き構文解析について，その理論を説明し，与えられた文法からその構文解析プログラムを生成する方法を述べる．そのプログラムの形は構文規則の形に従うので，理解しやすいし，それに意味処理などを追加するのも比較的簡単である．最後に，PL/0′ の構文解析プログラムの概要を述べる．

5.1 構文解析手法の簡単な歴史

初期のコンパイラで構文解析の手法が問題になったのは式（算術式）に対するものであった．式以外の部分はほぼ決まった形をしているが，式の形は多様だからである．

最初の FORTRAN コンパイラでとった手法は，演算子の前後に適当な数の括弧を付け，内側の括弧に囲まれた部分から処理していくものである．その規則は演算子については

```
+   -   ⇒   )))+(((     )))-(((
*   /   ⇒    ))*((       ))/((
**      ⇒     )**(
```

とし，式全体 e に対しては

```
e ⇒ (((e)))
```

とするものである．この規則によれば

```
a+b**c*d
```

は

$$(((a)))+(((b)**(c))*((d)))$$

となる．この式には冗長な括弧があるが，それを除いてみれば

$$a+((b**c)*d)$$

となる．この内側の括弧から処理すればよい．

上記の方式では，括弧を付けたり，内側の括弧を深すために，与えられた式を何回も走査（scan）することになり効率が悪い．そこで，式を左から右へ（left-to-right）1回走査するだけで構文解析する手法が考えられた（参考文献［SB 60］）．それは，2章で説明した構文解析の手法に対応するもので，式を左から走査しながら，演算子は一時棚に積んでいき，次に読み込んだ演算子と棚の最上部の演算子との組合せによって次の動作（棚の最上部の演算子を先に実行すべきときはそれを棚から下ろす）を決めるものである．

この手法はその後一般化された（参考文献［Floyd 63］）．それは演算子の優先順位（operator precedence）による構文解析法であり，その解析法が適用可能である文法が演算子順位文法である．

このように，文法に対して，その言語の構文解析手続きを理論的に導き出すことができれば，構文解析手続きの自動生成が可能になる．しかし，演算子順位文法では普通の式は表現できるが，通常のプログラム言語を表現しきれない．そこで，より適用範囲の広い文法で，その構文解析手続きの自動生成が可能なものの研究が行われてきた．それらのうちでLR(k)文法と呼ばれるものが最も適用範囲が広い．LR文法とLR構文解析はKnuth（参考文献［Knuth 65］）により提案された．最初は解析表が大きすぎることなどから実用性に問題があったが，少し制限した形のSLR(1)文法（参考文献［DeRem 71］）やLALR(1)文法とそれに対応した構文解析法が考案されてから実用化されるようになった．Unixのyacc（参考文献［John 75］）はその代表的なものである．

上記の，演算子順位による構文解析も，LR構文解析も，読み込んだ終端記号やすでに還元された非終端記号からなる列がある非終端記号に還元できることがわかったら還元していく方法である．これは解析木を下から上に作り上げていくので，**上向き**（bottom up）**構文解析法**と呼ばれる．

それに対して，これから読み込むものの形を先に仮定してしまってから，それに合致するかどうか調べていく構文解析法がある．これは，解析木を上から下へ作っていくことに相当するので，**下向き**（top down）**構文解析法**と呼ばれる．そ

の中で，構文解析のプログラムが再帰的手続きで構成されるものを**再帰的下向き構文解析**（recursive descent parsing）と呼ぶ．コンパイラの初期の時代にすでにそのような方法によるものは作られていた（参考文献［Con 63］）．その後，そのような解析法が適用可能な文法としてLL(k)文法が考えられた（参考文献［LS 68］，［LRS 76］）．Pascalの文法はLL(1)文法になるように作られており（参考文献［JW 78］），そのコンパイラ（参考文献［Wirth 71］）に再帰的下向き構文解析法が用いられてから，手書きのコンパイラでは再帰的下向き構文解析法が使われることが多くなった．この方法では，構文規則の形がそのまま構文解析プログラムの形となるので，プログラムがわかりやすいのがその大きな理由である．しかし，最初に述べたように「これから読み込むものの形を先に仮定」できるということは，文法に相当の制限を加えていることになる．すなわち，この方法の適用範囲はLR文法ほど広くはない．

LR構文解析法は，適用範囲は広いのであるが，その構文解析プログラムはわかりやすくない．この方法を使うにはyaccのような自動生成系を使わなければならない．

本書では，再帰的下向き構文解析の方法を説明し，PL/0′の構文解析プログラムはその方法で構成することにする．

5.2　下向き構文解析法とその問題点

文法は文の生成の仕方を記述したものである．たとえば，

　　S → aBd

は，SからaBdという形の文形式が作られることを示している（ここで，a，dは終端記号，Bは非終端記号であるとする）．一方，構文解析とは，与えられた文がS，すなわちaBdの形をしているかどうか調べることである．そのためには，まず文の先頭がaであるか，その次がBの形をしているか，最後がdであるか，を調べればよい．それをプログラムで表現すれば

```
void S()
{
    aを読む；
    B()；
    dを読む；
```

```
}
```

となる．これは，生成規則をそのまま構文解析規則と見ようとするものであり，その意味では大変わかりやすい解析法である．その考えで効率の良い構文解析プログラムがいつも得られれば問題はないのであるが，実際にはそうはいかない．いま，文法が

S → aBd

B → b | bc

であり，与えられた入力が

abcd

であったとして，上記の考えで構文解析を試みてみる．B を読むプログラム *B* は次のようになる．

```
void B()
{
        b を読む；
    または
        b を読む；
        c を読む；
}
```

上記のプログラムで入力が S の形をしているか調べるというのは，S が次のような木の形をしているか調べることであり

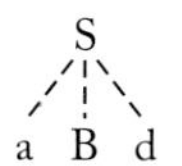

入力とその木の葉との対応がとれるか調べればよい．入力の左端の文字 a は左端の葉の a と一致する．対応のとれたところを実線で示すと，**図 5.1**(1) のようになる．次に，残りの bcd が Bd に対応するかを調べるのであるが，B を読むプログラムに「または」とあるのが問題である．とりあえず最初のほうをとってみると，図 5.1(2) の形になる．それについては，残りの入力の先頭の b と B の葉が一致する（図 5.1(3)）．しかし，次の入力の c は最後に残った葉の d と一致しないから，解析に失敗したことになる．そこで，もう一度 B のプログラムに戻っ

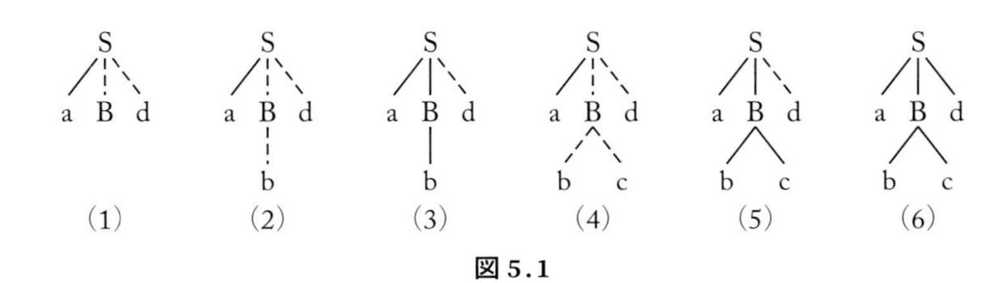

図 5.1

て，先ほどとは別のものをとって（図 5.1(4)）やり直すことにする（この処理を後戻り，またはバックトラック（backtrack）という）．入力は 2 文字目の b からになる．この後は一致がうまくとれて，図 5.1(5)，(6) と進んで解析が成功する．

このような後戻りの起こり得る構文解析法は実用的でない．上記の文法の場合は文法を書き直すことでそれを避けることはできる．それは括（くく）りだし（factoring）と呼ばれる方法で，上記の B の生成規則を

$B \rightarrow b(c \mid \varepsilon)$

と書き直すものである．B のプログラムは次のようになる．

```
void B()
{
    bを読む；
        cを読む；
      または
        何も読まない；
}
```

これによって，「または」の選択を先に延ばすことができて，後戻りの可能性が減る．abcd を解析してみると**図 5.2** のようになる．この場合，「または」の部分については，c であればそれを読む，c でなければ何も読まないとしている．

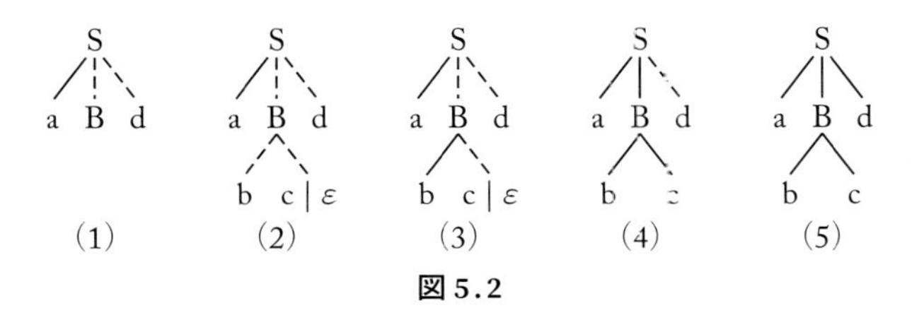

図 5.2

括りだしによって後戻りがすべてなくなるわけではない．たとえば，上記の文法と少し違う文法

$$S \rightarrow aBc$$

$$B \rightarrow b(c \mid \varepsilon)$$

で，入力が abc の場合，**図 5.3** の（2）から（3）としてしまうと，入力は尽きてしまって，S の最後の c と一致するものがない．そこで，後戻りをして B の最後を ε と一致したとすれば，解析が成功する．

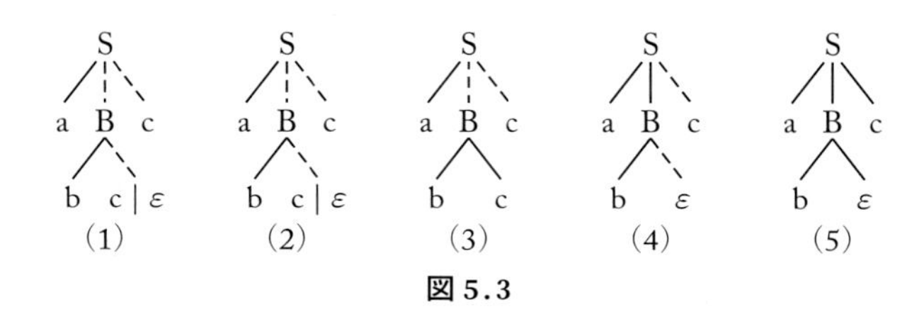

図 5.3

後戻りなしで解析できるようにするためには，このような ε の場合も含めて，「または」の選択がうまくできなければならない．どのような文法であればそれができるかは次節で述べることにする．

下向き構文解析法の問題点としては，後戻りのほかに，左再帰性の問題がある．その例題として，3 章の文法 G1 をとりあげる．G1 の生成規則の 1 つである

$$E \rightarrow E + T$$

を考えてみる．これを解析するプログラムは次のようになる．

```
void E()
{
    E();
    + を読む ;
    T();
}
```

この $E()$ が呼ばれたら直ちに $E()$ を呼ぶことになるから，$E()$ が無限に呼ばれるだけで解析は全然進まない．これが左再帰性の問題といわれるものである．この問題は文法を少し書き直すことによって解決することができる．

一般に，生成規則が

$A \rightarrow A\alpha \mid \beta$

の形で，β は A では始まらないとする．このとき次のように書き直せば左再帰性がなくなる．

$A \rightarrow \beta A'$

$A' \rightarrow \alpha A' \mid \varepsilon$

一般に

$A \rightarrow A\alpha_1 \mid A\alpha_2 \mid \ldots \mid A\alpha_m \mid \beta_1 \mid \beta_2 \mid \ldots \mid \beta_n$

で β_i は A では始まらないとしたとき，これを

$A \rightarrow \beta_1 A' \mid \beta_2 A' \mid \ldots \mid \beta_n A'$

$A' \rightarrow \alpha_1 A' \mid \alpha_2 A' \mid \ldots \mid \alpha_m A' \mid \varepsilon$

で置き換えればよい．これですべての直接左再帰性を取り除くことができる．直接左再帰性とは，$A \rightarrow A\alpha$ のように 1 つの生成規則での左再帰性である．一般の左再帰性は，たとえば

$A \rightarrow Bc$

$B \rightarrow d \mid Aa$

という文法で，$A \Rightarrow Bc \Rightarrow Aac$ によって生じる左再帰性であり，$A \overset{+}{\Rightarrow} A\alpha$ の形のものである．3 章の文法 G1 の生成規則

文法 G1

$E \rightarrow E + T \mid T$

$T \rightarrow T * F \mid F$

$F \rightarrow (E) \mid i$

（ここでは，「F → a」の a などは identifier を意味する i で置き換えている）に対して上記の置き換えを行うと

文法 G2

$E \rightarrow TE'$

$E' \rightarrow +TE' \mid \varepsilon$

$T \rightarrow FT'$

$T' \rightarrow *FT' \mid \varepsilon$

$F \rightarrow (E) \mid i$

となる．

拡張バッカス記法，または正規右辺文法を使えば，もう少し直感的にわかりや

すい形に置き換えることができる．上記の

$$A \rightarrow A\alpha \mid \beta$$

は

$$A \rightarrow \beta \{\alpha\}$$

に

$$A \rightarrow A\alpha_1 \mid A\alpha_2 \mid \ldots \mid A\alpha_m \mid \beta_1 \mid \beta_2 \mid \ldots \mid \beta_n$$

は

$$A \rightarrow (\beta_1 \mid \beta_2 \mid \ldots \mid \beta_n)\{\alpha_1 \mid \alpha_2 \mid \ldots \mid \alpha_m\}$$

に置き換えればよい．文法 G1 にこの置き換えを適用すると

文法 G3

E → T {+T}

T → F {*F}

F → (E) | i

となる．

直接左再帰性だけでなく，一般的な左再帰性についても，それを取り除くアルゴリズムは考えられている（参考文献［Aho 07］）が，いささか複雑であるし，通常のプログラム言語の文法にはほとんど現れないので，ここでは省略する．

以上の考察から，次節の LL(1) 文法を考えることができる．与えられた文法から，左再帰性を（もしあれば）除去し，括りだしを行って，得られる文法が LL(1) 文法であれば，後戻りのない下向き構文解析が可能である．前述の「または」の問題については，そのときの入力の先頭の記号を見ることによって，後戻りの起こり得ない選択をすることができるからである．

5.3　LL(1) 文法

これから定義する LL(1) 文法は，たとえば

$$A \rightarrow \alpha \mid \beta$$

という生成規則で，α か「または」β のどちらかを選択するとき，そのときの入力の先頭記号を 1 つ見ることによって（後戻りの起こり得ない）選択をすることができるような文法である．記号を 1 つ見るだけでなく，一般に k 個の記号を見ることによってうまく選択できるような文法を LL(k) 文法というが，実際のコンパイラでは $k=1$ 以外が使われることはあまりないので，ここでは LL(1) 文法

だけの説明をすることにする．

基本的な考え方は

$A \rightarrow \alpha \mid \beta$

で，α か β を選択するとき，そのときの入力の先頭記号 a が α の先頭記号になり得るものであれば α を選択し，それが β の先頭記号になり得るものであれば β を選択すればよいということであり，後戻りがないためには，α の先頭記号にも β の先頭記号にもなり得る共通のものがなければよい．すなわち，α の先頭記号になり得る終端記号の集合を First(α)としたとき

$\mathrm{First}(\alpha) \cap \mathrm{First}(\beta) = \phi$

であればよい．ただし，これだけの条件では不十分である．それだけでは前節の図 5.3 のような問題が解決できないからである．その問題は，$\beta = \varepsilon$ あるいは $\beta \overset{*}{\Rightarrow} \varepsilon$ のときは A の後ろにくる記号と α の先頭記号とにも共通のもの（前節の例では B の後ろの c と，$c \mid \varepsilon$ の c がそれであった）があってはならないことを示唆している．

以上の考察から，以下のような定義が得られる．

文法 $G = \{V_N, V_T, P, S\}$ に関して次のものを定義する．

【定義】 記号列 $\alpha \in (V_N \cup V_T)^*$ と非終端記号 $A \in V_N$ について，First(α)と Follow(A)を次のように定義する．

$\mathrm{First}(\alpha) = \{a \mid a \in V_T, \alpha \overset{*}{\Rightarrow} a\cdots\}$

ただし，$\alpha \overset{*}{\Rightarrow} \varepsilon$ ならば $\varepsilon \in \mathrm{First}(\alpha)$ とする

$\mathrm{Follow}(A) = \{a \mid a \in V_T, S \overset{*}{\Rightarrow} \cdots Aa\cdots\}$

ここで，「…」は任意の記号列を意味する．First(α)は α の先頭の終端記号になり得るものの集合であり，Follow(A)は文形式の中で A の直後の終端記号になり得るものの集合である．これらの記号を使えば，生成規則 $A \rightarrow \alpha$ によって A を α に展開できる場合には，そのときの入力の先頭記号 a が $a \in \mathrm{First}(\alpha)$ であるか，$\varepsilon \in \mathrm{First}(\alpha)$ であるときは $a \in \mathrm{Follow}(A)$ でなければならない，ということができる．後者は $A \Rightarrow \alpha \overset{*}{\Rightarrow} \varepsilon$ となる場合である．このような a の集合は Director と呼ばれる．

【定義】 記号列 $\alpha \in (V_N \cup V_T)^*$ と非終端記号 $A \in V_N$ に対して，生成規則 $A \rightarrow \alpha$ があるとき，Director(A, α)を次のように定義する．

$\mathrm{Director}(A, \alpha) = \{a \mid a \in V_T, a \in \mathrm{First}(\alpha)$

$$\text{または}\ (\alpha \overset{*}{\Rightarrow} \varepsilon\ \text{かつ}\ a \in \text{Follow}(A))\}$$

Director(A, α)はAをαに展開すべきか判定するための終端記号（入力記号）の集合である．この関係を**図5.4**に示す．

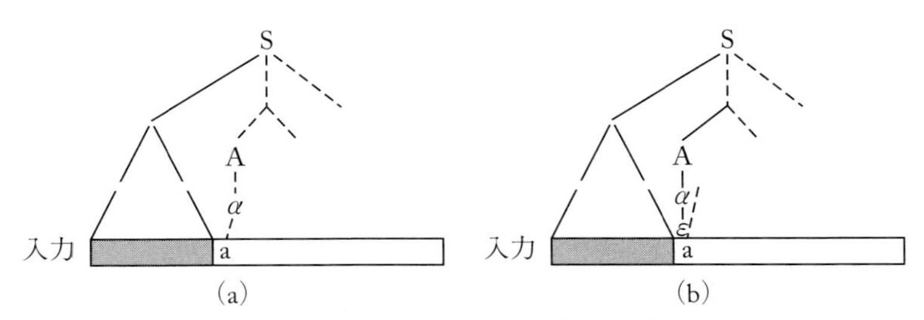

図5.4　a∈Director(A, α) の意味

ところで，同じ入力記号aがDirector(A, α)にもDirector(A, β)にも入っていたら，αとβのどちらをとるべきか決まらない．そのようなものがない文法がLL(1)文法である．

【定義】　文法$G = \{V_N, V_T, P, S\}$において，任意の$A \in V_N$とAを左辺に持つすべての生成規則

$A \rightarrow \alpha_1 \mid \alpha_2 \mid \ldots \mid \alpha_n$

に対して，Director(A, α_i)，$i = 1, \cdots, n$が共通部分を持たない，すなわち

Director$(A, \alpha_i) \cap$ Director$(A, \alpha_j) = \phi,\ i \neq j$

ならば，文法GはLL(1)文法であるという．

与えられた文法がLL(1)文法かどうか調べるためには，First，Follow，Directorの計算が必要である．以下にFirstとFollowを求めるアルゴリズムを述べる．Directorは First と Follow から，Directorの定義に従って求めればよい．

（1）　Firstを求めるアルゴリズム

以下を，どのFirstにも新たに追加されるものがなくなるまで繰り返す．

a）　First$(\varepsilon) = \{\varepsilon\}$

b）　First$(a\alpha) = \{a\}$, $a \in V_T$

c）　**if**　$(\varepsilon \notin \text{First}(Y))$

First$(Y\alpha) = $ First(Y)

else

First$(Y\alpha) = ($First$(Y) - \{\varepsilon\}) \cup$ First(α)

d) $X \to \alpha$ ならば First(α)を First(X)に加える.

(2) Follow を求めるアルゴリズム

以下を，どの Follow にも新たに追加されるものがなくなるまで繰り返す.

a) Follow(S)に \$ を加える. S は開始記号，\$ は入力の最後の記号である.

b) $A \to \alpha B \beta$ ($B \in V_N$) なる生成規則について

(i) First(β)を Follow(B)に加える. ただし，$\varepsilon \in$ First(β)のとき ε は加えない.

(ii) $\varepsilon \in$ First(β)または $\beta = \varepsilon$ ならば，Follow(A)を Follow(B)に加える.

ここで，Follow(S)に \$ を加えているのは次のような理由による. 一般に構文解析のアルゴリズムは，いままで読んだものと，その次に読むものとの関係を調べることによって解析を進めるように表現される. LL(1)文法に対する構文解析でも次の 1 つの記号が調べられる. したがって，開始記号 S に対応する記号列をすべて読んだ後でも，その次の記号を調べる必要があり得る. その特別な記号としてここでは \$ を使っているのである.

前節の文法 G2

$E \to TE'$	①
$E' \to +TE' \mid \varepsilon$	②
$T \to FT'$	③
$T' \to *FT' \mid \varepsilon$	④
$F \to (E) \mid i$	⑤

についてこれらを計算すると，次のようになる. First については，アルゴリズムが示すように，終端記号が右辺の左端にあるものや開始記号から遠いほうから求めると収束が速い. Follow については，その逆に，開始記号から計算すると収束が速い.

First(F) = {(,i}	⑤に (**1**) の d), b) を適用
First(T′) = {*, ε}	④に (**1**) の d), a), b) を適用
First(T) = First(F) = {(,i}	③に (**1**) の d), c) を適用
First(E′) = {+, ε}	②に (**1**) の d), a), b) を適用
First(E) = First(T) = {(,i}	①に (**1**) の d), c) を適用
Follow(E) = {\$,)}	E に (**2**) の a), ⑤の E に (**2**) の b)

の(i)を適用

Follow(E′) = Follow(E) = {\$,)}　①のE′に（**2**）のb）の(ii)を適用

Follow(T) = {+,\$,)}　②のTに（**2**）のb）の(i)，(ii)を適用

Follow(T′) = Follow(T) = {+,\$,)}　③のT′に（**2**）のb）の(ii)を適用

Follow(F) = {∗,+,\$,)}　④のFに（**2**）のb）の(i)，(ii)を適用

これにより，Directorは次のようになる．

Eに関するDirector

Director(E,TE′) = First(T) = {(,i}

E′に関するDirector

Director(E′, +TE′) = {+}

Director(E′, ε) = Follow(E′) = {\$,)}

Tに関するDirector

Director(T, FT′) = First(F) = {(,i}

T′に関するDirector

Director(T′, ∗FT′) = {∗}

Director(T′, ε) = Follow(T′) = {+,\$,)}

Fに関するDirector

Director(F, (E)) = {(}

Director(F, i) = {i}

これらのうち，複数個のDirectorを持つものはE′，T′，Fであるが，それらのDirector間には共通部分がないから，文法G2はLL(1)文法である．

前節の文法G3のような正規右辺文法については，それがLL(1)文法である（そのような文法は，拡張文脈自由文法（Extended Context–Free Grammar）がLL(1)文法であるという意味でELL(1)文法と呼ばれる）かどうかを調べるにはどうすればよいであろうか．正規右辺文法には

$A \rightarrow \alpha(\beta \mid \gamma)\delta$　❶

$A \rightarrow \alpha\{\beta\}\delta$　❷

という形がある．❶の場合はαまで構文解析が進んだところで，その次がβであるかγであるかが，次の1記号を見ることで決められればよい．それには，❶を

$A \rightarrow \alpha B\delta$

$B \rightarrow \beta \mid \gamma$

と考えて，Director(B, β)とDirector(B, γ)に共通部分がなければよい．❷の場合はαまで構文解析が進んだところで，その次にβが現れるか現れないかが，次の1記号を見ることで決められればよい．より正確には，❷を

$A \rightarrow \alpha C \delta$

$C \rightarrow \beta C \mid \varepsilon$

と考えて，Director$(C, \beta C)$とDirector(C, ε)に共通部分がなければよい．

文法G3について上記の置き換えをしてみるとG2と同じものが得られる．すなわち，{+T}をE′に，{*F}をT′に置き換えてみればよい．

では，PL/0′の文法のように構文図式で表現されている場合には，以上のことはどう考えればよいのであろうか．文法の形に直接従って構文解析を進めるということは，構文図式については，その矢印の線に従って進めることに相当する．その線に二股，または複数股の分岐があったときに，どちらに進むべきであるかが，次の1記号を見ることで決められればよい．それを決めるには，矢印の線をたどっていった先にどんな終端記号が現れるかがわかっていればよい．しかし，矢印の先に非終端記号があったら，その非終端記号の構文図式の中でどんな終端記号が現れるかがわかっている必要がある．また，矢印の先に何もなかったら，それはεに相当するから，いま見ている非終端記号のFollow集合がわかっている必要がある．結局，この場合も，上記と同じように，各非終端記号のFirst集合とFollow集合からDirector集合を求める必要がある．

5.4　再帰的下向き構文解析プログラム

与えられた文法がLL(1)文法であれば，後戻りのない再帰的下向き構文解析プログラム（recursive descent parser）を文法の形に従って作ることができる．前節で文法G2がLL(1)文法であることが確認されているから，文法G2の構文解析プログラムを作ってみる．ここではさらに，構文解析した結果を後置記法の式として出力するものとする．

中置記法と後置記法の対応関係は，2章に

P(式1　演算子　式2)　=　P(式1)P(式2)演算子

P(演算数)　=　演算数

という形で与えられていた．これは，「式1　演算子　式2」を認識したときに

「演算子」を出力し，「演算数」を認識したときにそれをそのまま出力すればよいことを示している．文法 G2 のもとの文法 G1 にそのことを付加したものを G1′ とする．

文法 G1′

E → E+T[+] | T

T → T∗F[∗] | F

F → (E) | i[i]

ここで，[x] は，構文解析がその場所まで進んだときに x を出力することを示すものとする．これから，文法 G2 に同じものを付加した文法は次のようになることがわかる．

文法 G2′

E → TE′

E′ → +T[+]E′ | ε

T → FT′

T′ → ∗F[∗]T′ | ε

F → (E) | i[i]

同様に，次の G3′ が得られる．

文法 G3′

E → T{+T[+]}

T → F{∗F[∗]}

F → (E) | i[i]

文法 G2′ から，次の再帰的下向き構文解析プログラムが得られる．

［プログラム 5.1］　文法 G2′ の再帰的下向き構文解析プログラム

```
/* 宣言は適当に省略してある．名前に「'」が使えるとしている．  */
/* E() が呼ばれるときは，次のトークンが nextToken に読み込まれている．  */
void E()
{
      T();
      E'();
}
```

```
void E'()
{
    if (nextToken == plus){
        nextToken = getToken();
        T();
        putToken(plus);
        E'();
    }
}

void T()
{
    F();
    T'();
}

void T'()
{
    if (nextToken == mult){
        nextToken = getToken();
        F();
        putToken(mult);
        T'();
    }
}

void F()
{
    if (nextToken == leftPar){
        nextToken = getToken();
        E();
        if (nextToken == rightPar)
            nextToken = getToken();
        else
            error();
    }
    else if (nextToken == ident){
        putToken(ident);
        nextToken = getToken();
```

```
        :
        else
            error();
    }
```

このプログラムは一符（トークン）先読みの原則に従って書かれている．また，生成規則の

$$A \rightarrow B \mid \varepsilon$$

の形に対しては，A では B を行うか，または何もせずに戻るかである．すなわち ε を認識するのは何もしないことに対応する．

このプログラムは構文解析をして直ちに後置記法に変換したものを出力するだけで，解析木は作成しない．しかし，一般にLL構文解析のプログラムの動きを図にしてみると，それは解析木の形をしている．たとえば入力として「a+b*c$」が与えられたときのこのプログラムの動きは**図5.5**のようになる．

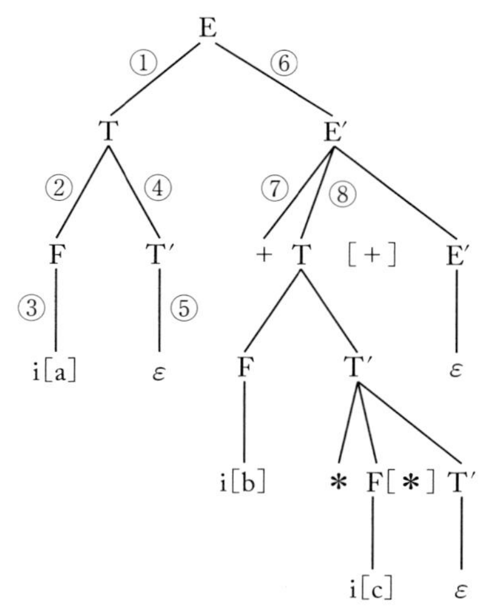

図5.5　「a+b*c$」の構文解析の動き

最初に，先頭の「a」がi（identの略）としてnextTokenに読み込まれた状態でEが呼ばれる．EではまずTが呼ばれる（図5.5の①）．TではまずFが呼ばれる（図の②）．FではnextTokenがiであるからそれが出力され（図の③），「+」が読み込まれる．Fから戻ったTでは次にT′が呼ばれる（図の④）．T′では

nextToken が「＊」ではないから何もしないで（図の⑤）T に戻り，T から E に戻る．E では次に E′ が呼ばれる（図の⑥）．E′ では nextToken の「＋」を認識して（図の⑦）「b」を読み込み，T を呼ぶ（図の⑧）．以下同様にして図 5.5 が得られる．出力結果は「a b c ＊ ＋」である．

このように，文法の形そのままにプログラムが作れるのであるが，文法としては G2 より G3（G2′ より G3′）のほうがわかりやすいから，プログラムも G3′ から作ったほうがわかりやすい．そのプログラムは次のようになる．

[プログラム 5.2]　文法 G3′ の再帰的下向き構文解析プログラム

```
/* 宣言は適当に省略してある．名前に「'」が使えるとしている．  */
/* E() が呼ばれるときは，次のトークンが nextToken に読み込まれている．  */
void E()
{
    T();
    while (nextToken == plus){
        nextToken = getToken();
        T();
        putToken(plus);
    }
}

void T()
{
    F();
    while (nextToken == mult){
        nextToken = getToken();
        F();
        putToken(mult);
    }
}

void F()
{
    if (nextToken == leftPar){
        nextToken = getToken();
        E();
```

```
            if (nextToken == rightPar)
                nextToken = getToken();
            else
                error();
        }
        else if (nextToken == ident){
            putToken(ident);
            nextToken = getToken();
        }
        else
            error();
    }
```

プログラム5.2のほうがプログラム5.1より関数の数も少なく，実行時に関数が呼び出される回数も少ないので，効率も良い．

5.5　文法から再帰的下向き構文解析プログラムへ

与えられた文法がLL(1)文法であることがわかったら，以下の手順で文法から構文解析プログラムを作ることができる．

（**1**）　1つの生成規則が1つの関数に対応することになるので，同じ非終端記号を左辺に持つ生成規則を1つにまとめる．あまり小間切れの関数にならないように，意味的にまとまったものはできるだけ1つの生成規則にまとめる．

たとえば

<simple type> → <scalar type> | <subrange type> | <type identifier>

<scalar type> → (<identifier> {,<identifier>})

<subrange type> → <constant>..<constant>

は1つにまとめて

<simple type> → (<identifier> {,<identifier>})
| <constant>..<constant> | <type identifier>

とする．大きくまとめたものは，このように生成規則にするよりも，構文図式にしたほうがわかりやすい．そのよい例は参考文献［JW 78］にある．そこでは，Pascalの文法が，108個の生成規則で定義されており，それが構文図式では，17個で表現されている．実は，上記の<simple type>もその一部である．

なお，上記の例にもあるように，プログラム言語の定義には

$\alpha\{\beta\alpha\}$

という形がよくでてくる．α の部分が長い場合は生成規則も長くなって読みにくくなるし，それから作られるプログラムにも α に対応する部分が2か所にでてくることになる．そこで，α の記述を1回ですませる記法がいろいろ考えられている．本書では，これを

$\{\alpha//\beta\}$

の形に書くことにする．構文図式では，これは次のように簡単に表現できる．

（**2**） 上記（**1**）でまとめた各生成規則

A → α

を次の関数宣言に変換する．

```
void A()
{
    T(α)
}
```

ここで，T(α) は（**3**）以下で定義されるものとする．

（**3**） T($\beta_1\beta_2\cdots\beta_n$)は次のようにする．

```
{
    T(β1)T(β2)…T(βn)
}
```

（**4**） T($\beta_1 | \beta_2 | \ldots | \beta_n$)は次のようにする．

```
switch (nextToken){
    case First(β1): T(β1) break;
    case First(β2): T(β2) break;
    ...
    case First(βn): T(βn) break;
```

```
    }
```

ただし，β_i の中に ε があるときは β_n をその ε であるとして，上記の switch 文の最後を

```
default : break;
```

とすればよい．より一般的には，$\beta \neq \varepsilon$ で $\beta \stackrel{*}{\Rightarrow} \varepsilon$ のとき

```
default : T(βn) break;
```

とすればよい．β_i の中にそのようなものがないときは，switch 文の最後に

```
default : error();
```

を追加して，誤りの検出をすることができる．

（**5**）　T({β})は次のようにする．

```
while (nextToken ∈ First(β)){
    T(β)
}
```

（**6**）　T({β_1//β_2})は次のようにする．

```
while (1){
    T(β1)
    if (nextToken ∉ First(β2)) break;
    T(β2)
}
```

（**7**）　A が非終端記号のとき，T(A)は次のようにする．

```
A();
```

（**8**）　a が終端記号のとき，T(a)は次のようにする．

```
if (nextToken == a)
    nextToken = getToken();
```

```
    else
        error();
```

以上が一般的な規則であるが，この規則に忠実に従って作られたプログラムには冗長な部分が入り得る．それは適当に簡単化する必要がある．たとえば，T({aB})は

```
while (nextToken == a){
    if (nextToken == a)
        nextToken = getToken();
    else
        error();
    B();
}
```

となるが，これは次のようにすることができる．

```
while (nextToken == a){
    nextToken = getToken();
    B();
}
```

5.6　PL/0′の再帰的下向き構文解析プログラム

PL/0′の再帰的下向き構文解析プログラムを作るために，まず，PL/0′の文法がLL(1)文法であるか調べてみる．実は，それはLL(1)文法ではないのであるが，どの部分がその条件にあっていないか，その部分でどのようにして分岐の1つが選択できるかがわかれば，PL/0′の再帰的下向き構文解析プログラムを作ることは可能である．

まず，First集合を開始記号programから遠いほうから求めてみると，最初のfactorに問題がある．すなわち，factorの矢印の線をたどっていくと

First(factor) = {ident number ident (}

となって，identにぶつかる線が2本ある．したがって，この文法はLL(1)文法ではない．しかし，再帰的下向き構文解析プログラムを作るためには，identを読んだときに，この2つのidentのうちのどちらであるかの区別ができればよい．

プログラムの意味を考えれば，最初の ident は変数名か定数名かパラメータ名であり，後の ident は関数名であるから，ident を読んだときにその ident の種類がわかればよい．それは，名前の宣言の表を見ればわかるはずである．First 集合の要素にその種類を付けてみると次のようになる．

First(factor) = {ident^{var,const,par} number ident^{func} (}

その他の部分には問題はなく，以下のように First 集合が求められる．なお，ident の種類が問題になるのは factor の中だけであるから，その他の first 集合を求めるときには

First(factor) = {ident number (}

とする．

First(term) = {ident number (}

First(expression) = {+ − ident number (}

First(condition) = {**odd** + − ident number (}

First(statement) = {ε ident **begin if while return write writeln**}

First(funcDecl) = {**function**}

First(varDecl) = {**var**}

First(constDecl) = {**const**}

First(block) = {ε **const var function** ident **begin if while return write writeln**}

First(program) = {. **const var function** ident **begin if while return write writeln**}

次に Follow 集合を求めてみる．

Follow(program) = {$}

Follow(block) = {. ;}

Follow(constDecl) = {. ; **const var function** ident **begin if while return write writeln**}

Follow(varDecl) = {. ; **const var function** ident **begin if while return write writeln**}

Follow(funcDecl) = {. ; **const var function** ident **begin if while return write writeln**}

Follow(statement) = {. ; **end**}

Follow(condition) = {**then do**}

Follow(expression) = {. ; **end then do** = <> < > <= >= ,)}

Follow(term) = {. ; **end then do** = <> < > <= >= ,) + −}

Follow(factor) = {. ; **end then do** = <> < > <= >= ,) + − * /}

これらの情報から，構文図式のすべての分岐点で，後戻りの必要のない選択が可能であることを示せばよい．

block の構文図式については，First(constDecl)，First(varDecl)，First(funcDecl)，(First(statement) − {ε}) ∪ Follow(statement) の間に共通部分がないからよい．constDecl の構文図式の最後の部分に分岐があるが，それは「；」か「,」かで選択できるからよい．varDecl についても同様である．funcDecl にある分岐も「)」，「,」，「ident」で選択できる．

statement の構文図式での分岐については，分岐先の最初の記号の間，および Follow(statement) との間に共通部分がないからよい．

condition の構文図式で問題がないことは容易にわかる．expression の構文図式の中の最初の分岐は First(term) を見ることで，最後の分岐は Follow(expression) を見ることで，いずれも「+」，「−」が共通にならないことがわかるからよい．term についても同様である．

以上のことから PL/0′ の再帰的下向き構文解析プログラムが作れることがわかる．たとえば，block の構文解析プログラムはプログラム 5.3 のようになる．実際の PL/0′ コンパイラでは，エラー処理やコード生成の処理が入るので，もう少し複雑になるが，これは，その中から構文解析の部分だけを取り出したものである．なお，関数名などが前節で説明したものと少し違っている．

[プログラム 5.3]　PL/0′ の block の構文解析プログラム

```
void block()
{
    while (1) {
        switch (token.kind){
        case Const:
            token = nextToken();
            constDecl(); continue;
        case Var:
```

```
            token = nextToken();
            varDecl(); continue;
        case Func:
            token = nextToken();
            funcDecl(); continue;
        default:
            break;
        }
        break;
    }
    statement();
}
```

演習問題

1．以下の文法について，First，Follow，Director 集合を求め，その文法がLL(1)文法であるか判定せよ（(1) と (2) は5.2節でとりあげたものである）．

(**1**)

S → aBd

B → bC

C → c | ε

(**2**)

S → aBc

B → bC

C → c | ε

(**3**)

S → ABa

A → a | ε

B → b | ε

(**4**)

S → AcBa

A → a | B | ε

B → b | ε

（**5**）

S → aSe | B

B → bBe | C

C → cCe | d | ε

2．問題 3.1 の文法

S → (L) | a

L → S{,S}

について，再帰的下向き構文解析プログラムを書け．

3．次の文法の左再帰性を取り除き，得られた文法の各生成規則の Director 集合を求め，その文法が LL(1) 文法であることを確かめ，その再帰的下向き構文解析プログラムを書け．

E → E **or** T [**or**] | T

T → T **and** F [**and**] | F

F → **not** F [**not**] | (E) | i [i]

4．ある文法の中に以下の生成規則があれば，その文法は LL(1) 文法ではないことを elsepart の Director を使って説明せよ．

statement → **if** condition **then** statement elsepart

elsepart → **else** statement | ε

また，この elsepart の構文解析を以下の関数で行えば，3.4 節で述べた **else** の規則「**else** を見たとき，すでに現れた **then** の中で，まだどの **else** とも組み合わされていないもので，その **else** に最も近いものと組み合わせる」に合っていることを，図 3.3 の例で説明せよ．

```
void elsepart()
{
    if(nextToken == 'else'){
        nextToken = getToken();
        statement();
    }
}
```

5．文法

S → +SS | ＊SS | i

の言語は加算と乗算からなる前置記法の式である．

(**1**) この文法がLL(1)文法であることを示せ．

(**2**) この文法の文を解析してかっこ付きの中置記法の式を出力するプログラムを書くために，文法G1′にならって，この文法に［x］の形の出力記号を付け加えよ．冗長なかっこを出力してもよい．

(**3**) できるだけ冗長なかっこを出力しないようにするためにもとの文法も書き換えてみよ．

ヒント：

S → +SS | ＊TT | i

T → +SS | ＊TT | i

(**4**) 上記で演算子「+」を「−」に置き換え，同様のことを行え．

ヒント：(i−i)−iのかっこは不要であるがi−(i−i) のかっこは必要である．

6 意　味　解　析

コンパイラで構文解析の次に行われるのが意味解析である．構文解析はプログラム言語の構文規則と原始プログラムとの対応をとる解析であるが，意味解析は，意味規則との対応をとる解析である．意味規則としては，たとえば，変数名を実数型と宣言したらその変数は実数型としてしか使えない，といったものがある．
意味解析ではそのような宣言情報を集めた記号表（名前表）が重要な役割を演じる．ここでは，記号表の構成法や探索法を説明する．構成法では，ブロック構造を持った言語の場合のスタック型の構成法，探索法では探索の効率の良いハッシュ法などを説明する．最後に，PL/0′コンパイラの記号表について触れる．

6.1　意味解析とは

意味解析とは，簡単にいえば，原始プログラムに書いてある名前（識別子）や式や文が何を意味するかについて，構文解析だけではできなかった解析をすることである．意味解析で行う主たる解析は，名前の宣言と使用との対応づけである．たとえば，プログラムの中に

```
int x, y;
float z;
...
x = z * y;
```

という部分があったら，この代入文について次のような解析をすることになる．x と y は int 型，z は float 型と宣言され，それらが代入文で使用されている．この代入文の右辺の z は float 型で，y は int 型であるから，乗算は float 型の乗算であり，その結果を int 型に変換したものを左辺の int 型の変数 x に代入すること

になる．

一般に，名前の宣言では，その名前の種類（変数名か関数名か配列名かなど），型（整数型か実数型かなど，関数名の場合はそのパラメータや結果の型など），有効範囲（その名前を使用できる範囲，一般にはその宣言の位置によって範囲が決まる）などが宣言される．さらに，代入文の左辺と右辺との型の整合性や，乗算記号などの演算の型（整数演算か実数演算かなど）はユーザが宣言するものではないが，言語の基本機能として宣言されていると考えることもできる．

名前や記号が使用されているところでは，その使用に対応する宣言が存在するか，その宣言から得られるその名前の種類や型は何か，その名前の使われ方は宣言の内容と矛盾しないか（たとえば，代入文では左辺と右辺との型の整合性と矛盾しないか，関数が使われている場合は，パラメータの個数や型は宣言と矛盾しないか）などを調べる必要がある．

そのような意味解析を行うためには，宣言された情報をまとめておく必要がある．それらは，2章で「変数名表や定数表などの各種情報の表」と呼んでいたように，一般に表の形にまとめられる．宣言された情報をまとめたものは「**環境**(environment)」と呼ばれることもある．ここでは，それを記号表と呼ぶことにする．

記号表の作成法で問題になるのは，どんな情報をどのような形で入れておくか，表の探索を効率よくするにはどうするか，名前の有効範囲をどのように表現するか，などである．以下，それらについて概略を述べる．

6.2　記号表の情報

名前についてどんな宣言ができるかは，プログラム言語によって異なるから，記号表にどんな情報を入れるべきかは，言語によって異なる．しかし，一般には，記号表に入れる情報は以下のようなものである．

(1)　名前

(2)　型

(3)　記憶域

(4)　その他

(1)の名前として入れるものは，その名前の綴りを示す文字列である．

(2)の型には，単純型と複合型がある．単純型は，整数型，実数型など，その言語の持つ基本的な型である．複合型には，配列型，構造体型，ポインタ型，関数型などがある．これらを構成する要素がまたそれぞれ型を持つ．ポインタ型についてはどんな型へのポインタか，関数型についてはパラメータや結果の型などがそれにあたる．

(3)の記憶域に関する情報としては，静的に記憶域が割り当てられるか，あるいは動的にか，ブロック構造を持つ言語の場合のブロックのレベル（入れ子の深さ），割り当てられた番地（絶対番地か相対番地）などがある．静的に記憶域が割り当てられる変数とは，コンパイル時に，あるいは目的プログラムの実行開始時に，その変数の番地が決められるものであり，動的に割り当てられる変数とは，たとえば，関数内で宣言されている変数で，その関数が呼び出されるときに番地が決まるようなものである．

(4)のその他の情報としては，たとえば，C 言語の場合では，const とか volatile という修飾子が付いているかといった情報がある．PL/0′ の場合は const と宣言された名前には定数値が付いているから，その定数値も入れるべき情報である．

記号表は，表の探索が効率よくできるように，一般には配列の形で実現される．記号表の中の各要素はエントリとも呼ばれる．各エントリは上記のような情報を持つのであるが，すべてのエントリが均一の情報を持つのでなく，エントリによって必要な情報の量は異なる．そこで，記号表の配列としてあまり無駄なスペースはとらないようにするために，均一でない部分は記号表の外に出して，記号表の中には外の情報へのポインタだけを入れておくことがよく行われる．これは，記号表の構造が複雑になるのを防ぐ効果もある．

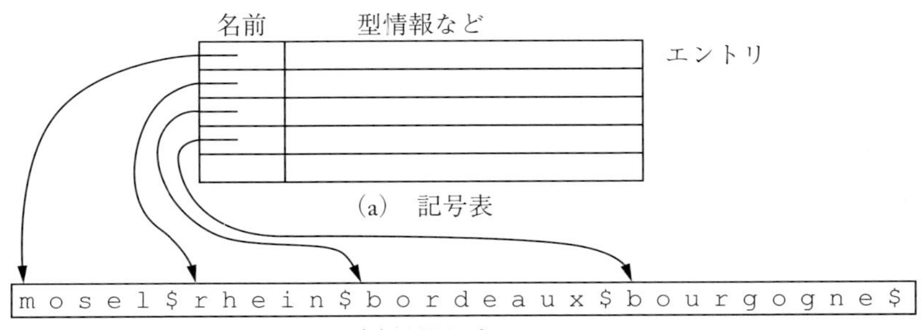

図 6.1　記号表と綴り表

たとえば，名前の長さが30文字まで許されるとしても，実際に使われる名前には短いものが多いから，記号表の各エントリに30文字分の場所をとっておくのは無駄である．そこで，**図6.1**のように，名前の綴り情報は別の表に入れ，記号表のエントリにはそこへのポインタを入れておくことが考えられる．この図では，mosel, rhein, bordeaux, bourgogne という名前が宣言されたときの様子を示している．綴り表の中の「$」は，文字列の終わりを示す記号である．

6.3　記号表の探索

記号表に対する操作としては，記号表に新しいエントリを書き込む操作と，ある名前が記号表に入っているかどうか探す操作とがある．前者の操作を登録，後者を探索（search）という．登録する場合も，同じ名前がすでに登録されているかを見るために探索が行われることが多い．探索は，その名前が宣言される場合も使用される場合も含めて，原始プログラムに出現した回数だけ行われることになる．この探索の速度は，原始プログラムが大きな場合には，コンパイラの速度に大きく影響する．

探索の方法は登録の方法によって決まる．一番簡単なのは，登録要求のあった順に並べて登録するものである．記号表の i 番目には i 番目に登録要求のあった記号が登録される．この場合，記号表に n 個の記号が登録されたとき，その次に現れた記号が記号表にあるかどうか探索するためには，表の最初から n 番目まで順次調べなければならない．この1つひとつを調べる操作を**探針**（probing）と呼ぶことにする．記号表に登録されていない場合は n 回の探針，登録されている場合に平均して $(n+1)/2$ 回の探針が必要になる．この探索は**線形探索**（linear search）と呼ばれる．

表の探索を速くする方法としてよく知られているのは，2分法（binary search）とハッシュ法（hash method）である．

線形探索はそれらに比べて，一般には遅い．しかし，表が小さければその差は大きくはないし，プログラムが簡単であるので，かえって速いケースもあり得る．線形探索を少し速くする方法として，番兵（sentinel）を使う方法がある．それは，ある表 a の中に x があるかどうかを探すとき，表の（探す方向から見て）最後に x（これが番兵）を入れておいてから探す方法である．そうすれば表の最後まで行ったかどうかをチェックする必要がないので，その分だけ速くなる．

6.3.1 2分法

2分法は，名前の大きさの順に登録しておき，名前の大小比較によって次に探索する場所を決めていくものである．名前の大きさは，文字の内部コードを整数と見ることによって決められる．最初は，登録されている名前の中で真ん中の位置にある名前と比較する．それより小さければ表の前半の部分，大きければ後半の部分を探索すればよい．比較したものと等しければ探索成功である．表の前半の部分を探索する場合は，次に前半の中で真ん中の位置にある名前と比較する．以下同様にして，1回ごとに探索の候補を半分にしていく．それ以上半分にできなければ探索終了である．そのときまでに等しいものがなければ，登録されていなかったことになる．

表に新たな名前を登録する場合は，上記の探索の場合と同じようにして，まだ登録されていないことを確認し，最後に探針した場所の直前か直後に登録すればよい．その場合，その場所以降に登録されているものは全部1つずつずらさなければならない．ずらさなくて済むようにするためには，記号表を配列としてでなく，2分木として実現する方法がある．すなわち，表のエントリに，その名前より小さな名前のエントリからなる部分木へのポインタと大きな名前のエントリからなる部分木へのポインタを追加する方法である．

2分法の場合，探針の回数はほぼ $[\log_2 n]+1$ である．n が大きい場合，探索の速度は線形探索よりずっと速くなるが，プログラムは少し複雑になる．また，上記のように登録操作が複雑になるのが欠点である．2分法は予約語（キーワード：たとえば，C言語の場合は **int**, **float**, **if**, **struct** など）の表のように，コンパイルの途中で追加登録されるものがない表には適している．

6.3.2 ハッシュ法

ハッシュ法は分散記憶法（scatter storage technique）とも呼ばれる．ハッシュ法で作られる表を**ハッシュ表**（hash table，これは randomized table，key transformation table とも呼ばれる）という．

この方法は，名前 x に対してある関数 f をほどこし，その結果の $n=f(x)$ を使って表の第 n 番目を探すという方法である．関数 f はハッシュ関数と呼ばれる．関数 f としては各種のものが考えられている．ここでは比較的簡単なものを3つ説明する．以下の演算は名前の内部コード（通常それを2進数値とみなす）

の値に対して行われる．いずれにしても，結果の n の値には，名前 x の各桁（各文字）の値が平等に影響するもので，計算が簡単であるのが望ましい．

（1）　除算法（division method）

名前 x の値を表の大きさ N で割った剰余を n とする．N が素数の場合によい方法である．コンパイラでは表の大きさ N を2のべき乗とする場合が多い．その場合は適当な素数で割ってから N で割るといった工夫が必要になる．

（2）　平方採中法（mid–square method）

名前 x の値を二乗して，その結果（x^2）の中ほどの特定のビットを取り出して n とする方法である．

（3）　折り返し法（folding method）

名前 x の各桁または各部分桁列どうしを加えたり，排他的論理和をとったりする方法である．

ハッシュ関数 f が，相異なる x に対してすべて異なる値を与えればよいのであるが，まずそうはならない．なぜなら，たとえば

<名前> → <英字> {<英字> | <数字>}

で，名前の長さは6文字以下として定義される名前の数は全部で

$$26 \times (1 + 36 + \cdots + 36^5)$$

とおりあるのに対して，コンパイラの中でとれる表の大きさは，たかだか数千であるからである．したがって，一般には必ず $x \neq y$ で $f(x) = f(y)$ となるものが存在すると思わなければならない．このような現象を**衝突**（collision, conflict）という．しかし，たとえば予約語の表のように，登録するものが決まっている場合は，ハッシュ関数をうまく選べば，衝突がなくなるかもしれない．そのような関数を**完全**（perfect）**ハッシュ関数**という．完全ハッシュ関数が使える場合は，必ず1回の探針で探索が完了する．

ハッシュ法で表を引くアルゴリズムは次のように表される．

(1)　名前 x からハッシュ関数 f を使って $n = f(x)$ を求める．

(2)　表の第 n 番目を調べて，

　(a)　そこに x が入っていたら，x は登録されていた

　(b)　そこに何も入っていなかったら，x は登録されていない

　(c)　そこに x 以外のものが入っていたら，衝突

登録のためにハッシュ法を引いたときは，(a)の場合は2重登録になり，(b)の場

合はそこに x を登録すればよい．探索のためならば，(a)の場合は探索成功であり，(b)の場合は探索不成功である．

いずれにしても，(c)の衝突の場合は何らかの方法で，(a)か(b)になるまで別の場所を探していかなければならない．衝突した場合の処理の方法には大きく分けて，開番地法（open addressing）と連鎖法（chaining）の2つがある．

開番地法の一般的な方法は，$f_i(i=1,2,\cdots)$ と複数個のハッシュ関数を用意しておき（ここでは最初の f を f_1 と考える），f_i で衝突したら f_{i+1} を使うということを衝突がなくなるまで繰り返す方法である．その中で，簡単でよく使われるのは $f_{i+1}(x)=f_i(x)+d(\mathrm{mod}\ N)$ の形である．ここで，N は表の大きさであり，d と N は互いに素な定数である．

たとえば，$N=8$，$d=1$ で，変数名 medoc，graves，chablis，mosel，saar，ruwer，nahe がこの順で登録され，それらのハッシュ値がそれぞれ3，7，5，3，4，7，3であるとして，記号表の中に名前の綴りを入れるとすると，その記号表は**図6.2**のようになる．medoc，graves，chablis はハッシュ値で示されるところが空いていたから，直ちにそこに登録されたのであるが，mosel のときには，3がふさがっているから，次の4に登録され，saar は4，5がふさがっているから6に登録され，ruwer は $7+1=0(\mathrm{mod}\ 8)$ で0に登録される．nahe は3〜7と0がふさがっているから1に登録される．以上の探針の様子を図の右側の実線で示してみた．このあと，これらの名前の探索を行う場合は，登録の場合と同じように，それぞれ，1回，1回，1回，2回，3回，2回，7回の探針で探索が成功する．

一般に，このような衝突処理をした場合，探索成功のときの平均探針回数 E は，表占有率（load factor，表の大きさに対する登録数の割合）を α としたとき

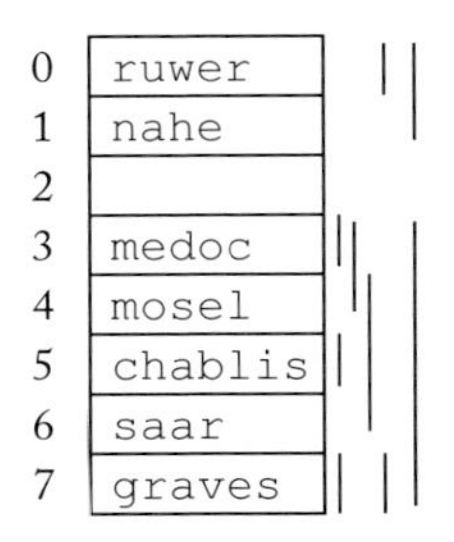

図6.2　開番地法による名前の登録

$$E=\frac{1-\alpha/2}{1-\alpha}$$

で表される（参考文献［西原80］）．$\alpha=0.5$ のとき $E=1.5$ である．Nを大きくとることができれば，ほとんど1～2回の探針で済むことになる．

連鎖法は，衝突を起こしたものどうしをポインタでつなぐ方式である．連鎖法には，連鎖の2つ目以降の名前を別領域に格納する方法もある．このように別領域（これをあふれ（overflow）領域という）に格納する方法をあふれハッシュ法という．あふれハッシュ法には連鎖を使わない方法もある．連鎖を使ったあふれハッシュ法の場合，前記の(2)の(c)は

(c′)　そこに x 以外のものが入っていたら，そこから連鎖をたどって x を探す

とし，(b)は

(b′)　そこに何も入っていないか連鎖の終わりに到達したら，x は登録されていない

とすればよい．

この方法を使うと，前記の例は**図6.3**のようになる．図中の「ϕ」は連鎖の終わりを示すものである．これらの名前の探針回数は，それぞれ，1回，1回，1回，2回，1回，2回，3回となり，図6.2の場合より少ない．しかし，処理は少し複雑になる．

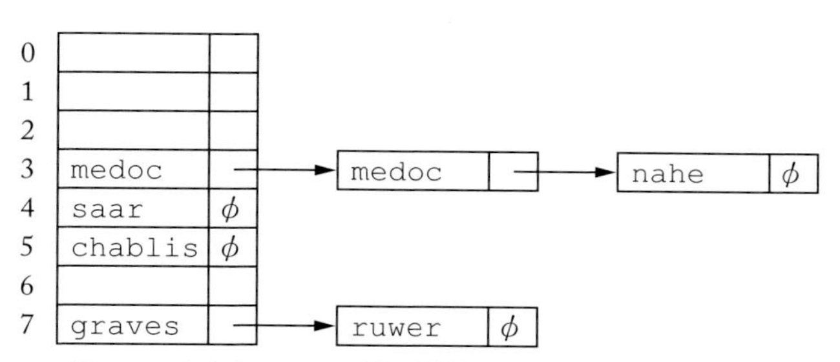

図6.3　あふれハッシュ法（連鎖付き）による名前の登録

いずれの方法も一長一短であるが，初めから余裕をもって大きな表をとっておける場合は開番地法が，そうでない場合はあふれハッシュ法がよいであろう．

いままでの説明では，ハッシュ表と記号表とは一体となったものとしていたが，実用上はそれを分けたほうがよいことが多い．たとえば，図6.2を分けて**図6.4**とするのである．その理由には以下のものがある．

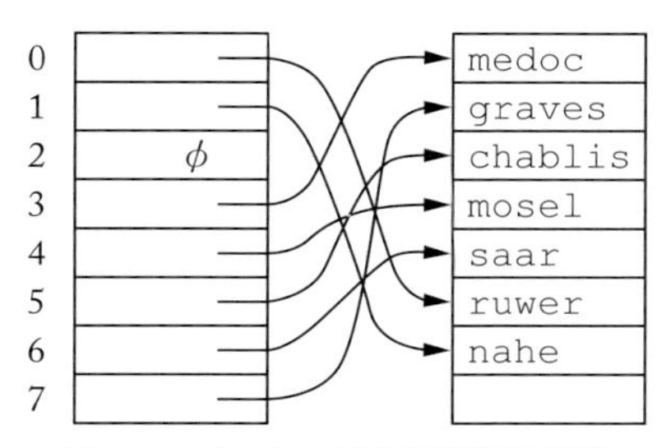

図 6.4 ハッシュ表と記号表の分離

(a) 1つの名前に対して記号表の中で必要とするスペースよりもハッシュ表のそれのほうが小さい．分けることによってハッシュ表を大きくとることができる．

(b) ハッシュ表の中での名前の順番はばらばらである．分ければ，記号表の中では必要に応じて適当な順番に並べることができる．たとえば，宣言された順番に並べることもできる．

(c) 複数個のパスを持つコンパイラの場合，ハッシュ表が必要なのは最初のパスだけであるが，記号表は後のパスでも必要となる．

6.4 ブロック構造と記号表

Pascal のようなブロック構造を持った言語では，名前の有効範囲（scope）はその名前が宣言されたブロック内であり，そのブロックの内側のブロックで同じ名前が再び宣言された場合は，その内側のブロックを除いた範囲となる．

たとえば，プログラム 6.1 で，プログラム p の先頭で宣言されている変数 a の有効範囲は p と手続き q の内部であり，手続き r の内部は除かれる．したがって，(3) の代入文の a は手続き r で宣言された a を指す．同じ代入文の c は p で，b は q で，それぞれ宣言されたものを指す．なお，何重のブロックの中に入っているかを示す数をブロックのレベルという．p の内部はレベル 0，q の内部はレベル 1，r の内部はレベル 2 である．ただし，手続き名 q はレベル 0，r はレベル 1 である．このように手続き名のレベルとその手続きの内部のレベルが異なることは，たとえば，(5) から手続き q という名前は見える（(5) は q の有効範囲に入っている）が q の内部で宣言されているものは見えないことを考えればわかるであろう．手続きの仮引数の名前のレベルも，同様に考えれば，手続き名のレベル＋1であることがわかる．

[プログラム 6.1]　ブロックの入れ子の例

```
program p;
  ┌var a, b, c;
  │procedure q; ------------------------------------------ (1)
  │  ┌var b, d;
  │  │procedure r, ---------------------------------------- (2)
  │  │  ┌var a, d, e;
  │  │  │begin
レ│ レ│ レ│     a := c+b; ---------------------------------- (3)
ベ│ ベ│ ベ│     call q;
ル│ ル│ ル│     ...
0 │ 1 │ 2 │end;
  │  │  └
  │  │begin
  │  │     ...
  │  │     call r;
  │  │     c := b; ------------------------------------- (4)
  │  │end;
  │  └
  │begin
  │     a := b+c; --------------------------------------- (5)
  │     call q;
  │     ...
  │end;
  └
```

名前が使用されているとき，その名前がどこで宣言されたものを指すかの判定をするためには，記号表に棚（stack）型の構造を持たせればよい．たとえば，プログラム6.1のコンパイルをしているとき，(1)，(2)，(3)，(4)，(5) のそれぞれの時点での記号表を，**図6.5** の (i)，(ii)，(iii)，(ii)，(i) のようにすればよい．図の太線はブロックのレベルの境目を示している．使用されている名前に対応する宣言の探索は，この表の下から上のほうに向かって行う．最初に見つかったものが求めるものである．たとえば，(3) の a の場合は，(iii) の下から探索して表の8番目の a が見つかる．この a は手続き r で宣言された a である．

図6.5で (iii) から (ii) へ移るとき，すなわち，手続き r の解析を終わって手続き q の解析に移るときは表の8，9，10を捨てれば（実際にはポインタをずらせば）よい．ただし，複数個のパスを持つコンパイラで，後のパスでまたこの

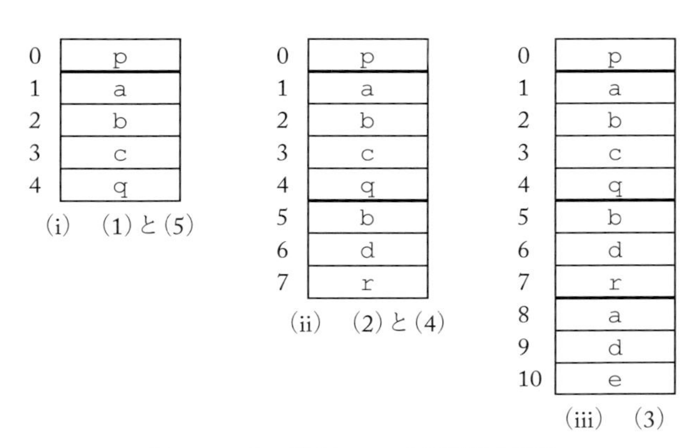

図 6.5　プログラム 6.1 の記号表の推移

表を使う場合は，一時，この表を 2 次記憶などに格納しておく必要がある．

前節で述べたハッシュ表と，この棚型の表との組合せも考えられる．名前を探すのにはハッシュ表を使い，同じ名前がブロックの入れ子の中にいくつかあるときは，それらを，ブロックの内側から外側へと連鎖でたどれるようにしておけば，探索を高速に行うことができる．この方式によれば，たとえば図 6.5 の（iii）は**図 6.6** のようになる．ただし，この状態から（ii）に対応する状態に戻すときには，単に 8，9，10 を捨てるだけでなく，そこを指していたハッシュ表からの

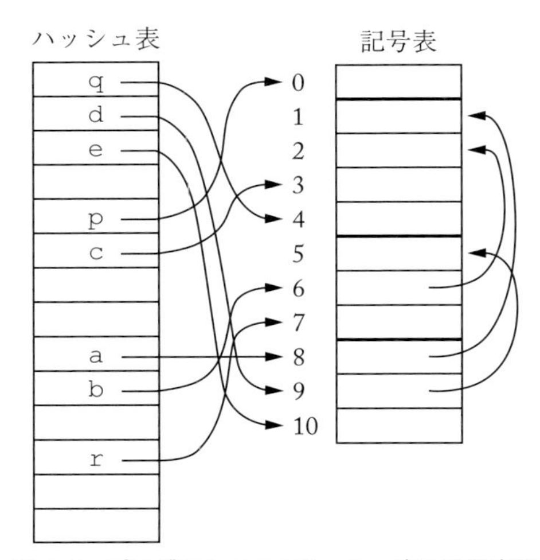

図 6.6　プログラム 6.1 のハッシュ表と記号表記

ポインタも変更する必要がある．そのためには，記号表の各エントリにハッシュ表への逆のポインタを入れておくとよい．

6.5　PL/0′コンパイラの記号表

PL/0′言語の予約語はあまり多くないので，字句解析の段階で予約語であるかどうかを調べるのは，予約語の表の線形探索としている（4.4.3 項参照）．

変数名や関数名の記号表についても，PL/0′プログラムではそれほど数は多くないと思われるので，プログラムの簡単な線形探索を使うことにする．ただし，探索を少し速くするために，番兵を使う方法をとることとする．

記号表に関するプログラムは付録のプログラムリストの中の table.h と table.c にある．記号表の名前は `nameTable` であり，名前の登録をする関数の名前は *`enterT`* で始まっている．探索をする関数は *`searchT`* である．

演習問題

1. PL/0′コンパイラの手続き *`nextToken`* の中では，予約語であるかを調べるのに線形探索法を使っているが，それを2分法を使うものに書き換えよ（そのためには，KeyWdT の表も変更する必要がある）．
2. PL/0′コンパイラの記号表を，6.4節の最後で述べた「ハッシュ表と棚型の表と組み合わせたもの」に変更し，そのプログラムを書け．

7
誤りの処理

言語の定義に従った（正しい）プログラムをコンパイルするには，定義に従った処理をすればよいが，誤ったプログラムを適切に処理するのはむずかしい．どんな誤り方をするのかには定義がなく，誤りの予想がつかないからである．ここでは，誤りの発見の仕方，エラーメッセージの出し方，誤りの修復の試み，誤りの処理の後の正常処理への復帰の仕方などについて説明する．また，PL/0′ コンパイラでとった方法で，エラーメッセージを出力する代わりに字体でエラーなどを表現する方法を説明する．

7.1 誤りの処理とは

いままでは，プログラム言語の文法に正しく従って書かれた原始プログラムを処理することを考えてきた．しかし，実際にコンパイラに与えられる原始プログラムには種々の誤りの入っているものが多い．コンパイラにとって，正しく書かれたプログラムを正しく処理することはもちろん必要であるが，誤ったプログラムを適切に処理することがそれに劣らず重要である．しかし，誤りの処理は，一般に正しいプログラムの処理よりむずかしい．正しいプログラムは言語の文法という規則に従って書かれたものであるが，誤りの形態は千差万別であり，規則などはないからである．

誤りの処理には，（1）誤りの発見，（2）誤りの情報の出力，（3）誤りの修復，（4）正常処理への復帰，などがある．

7.2 誤りの発見

正しい原始プログラムを処理するプログラムで処理をしていて，それに合わなかったら原始プログラムに何か誤りがあることになる．そのような誤りを見つけるのはむずかしくはない．そのような誤りを見つけるのはもちろん必要であるが，よりよい誤り処理のためには，正しい原始プログラムだけを処理するとしたら必要のないような処理を，誤りを見つけたり誤りがあったときの後始末をするために，あらかじめ組み込んでおく必要がある．

誤りには**構文上の誤り**（syntactic error）とそれ以外の誤りがある．ここでは，後者を**意味上の誤り**（semantic error）と呼ぶ．

7.2.1　構文上の誤り

構文上の誤りは構文解析のときに発見できる．構文解析の方法は5章の最初に述べたようにいろいろあるが，そのそれぞれに対応して誤りの処理方式が考えられる．本章では5章に述べた下向き構文解析に対応した誤り処理の方式を述べる．構文上の誤りは構文解析プログラムでの解析中に，正常な道から外れたところでわかる．たとえば，5.5節の（8）で

```
if (nextToken == a)
    nextToken = getToken();
else
    error();
```

というプログラムを作っているが，これは，終端記号のaがくるべき所にこなかったら誤りであるから，エラー処理ルーチンを呼び出すようにしているのである．また，同じ節の（4）では，次の入力が，そのとき考えられるどのDirectorにも入っていなければエラーとすることを示している．

このようにして，5章に述べた手順に従って構文解析プログラムを作成すれば，そのプログラムによって構文上の誤りも見つけることができる．しかし，誤りがあったときの後始末のことを考慮すると，それだけでは十分ではない．そのことは後の節で述べる．

7.2.2　意味上の誤り

意味上の誤りとして見つけられるおもなものは，ある名前の宣言とその使い方に矛盾があるものであり，それは意味解析のときに発見できる．たとえば，整数として宣言された変数が実数として使われたとか，関数の引数の個数が一致しな

いといったものである．一般に，記号表に書き込まれている情報と，その記号の使い方が矛盾していれば誤りとして発見できる．

正しいプログラムを処理するための記号表から誤りを発見するだけでなく，誤りを見つけるために記号表に情報を追加したり，別の表を作ることも考えられる．たとえば，キーボードからのタイプミスで名前を打ち間違えたとすれば，それはその1か所にしか現れない名前となる．Fortranのように，変数名の宣言が必ずしも必要でない場合は，タイプミスによって宣言していない変数を使用することになっても，文法上はエラーとはならない．PascalやC言語のように，変数名の宣言が必要な言語であれば，タイプミスの多くは変数の使用に対応する宣言がないことで見つけられるかもしれない．しかし，後者の言語でも，宣言はされているがどこにも使われていないとか，使われてはいるが代入文の右辺で使われているだけで，左辺で使われていない（その変数に値が与えられていない）とかいう場合は，文法上のエラーとはならないが誤りである可能性が高い．それらの誤り，または誤りの可能性の高いものを指摘するのもユーザに親切なコンパイラとしては必要である．それを実現するためには，変数が使われたとき，その変数に値が与えられるのか，その変数の値を使うのかの情報を記号表に書き込み，最後にその表を検査すればよい．

プログラムの流れを解析するための表も考えられる．たとえば，return文やgoto文の直後の文に向かって分岐する文がない場合は，その文が実行される可能性がないことがわかる．また，ループの中に外から飛び込むようなgoto文を見つけることも比較的簡単にできる．

ある変数に値を与える（これを変数の定義ともいう）文も，その値を使う（これを変数の参照ともいう）文もあるが，値を使う文の方が先に実行されてしまう，といったことを見つけるのは簡単ではない．最適化コンパイラと呼ばれるコンパイラでは，目的コードの最適化のために，**プログラムの流れの解析**（control flow analysis）や**データの流れの解析**（data flow analysis）を行う．後者は，どこで定義された値がどこで参照されるかの解析である．この最適化のための解析の副産物として，参照の前に定義がないといったエラーが見つけられることがある．ただし，プログラムの中には種々の分岐点があり，コンパイル時にデータの流れを完全にとらえることは一般には不可能である．誤りの可能性があるという指摘しかできない場合も多い．これらの誤りを完全に見つけるためには，（目的プログラムの）実行時の検査が必要である．

実行時の検査のためには，目的プログラムの中に検査のためのコードを入れておく必要がある．たとえば，ポインタの指す内容を取り出すときは，ポインタの値をチェックしてから取り出すようにする．配列の要素を参照するときは，添字の値が配列で宣言された範囲に入っているかチェックするようにする．しかし，実行時にこれらのチェックをするのは実行効率を落とすから，通常は，コンパイラのオプション指定として，デバッグ中はこれらのコードを入れ，デバッグが完了した（と思った）らそれを外すことができるようにするのがよい．

7.3　誤りの情報の出力

原始プログラムの誤りを発見したら，それを使用者（そのプログラムを書いた人）に知らせなければならない．その情報として出力するものをエラーメッセージという．エラーメッセージは使用者にとってわかりやすいものでなければならない．

まず誤りの場所をわかりやすく指摘しなければならない．構文解析中に発見される誤りは，原始プログラムを出力しながら，その下に印を付けるのが普通である．その方法で，PL/0′コンパイラでエラーを指摘するとすれば，たとえば次のようになる．

```
const m = 7, n = 85
var x,y;
   ^
*** error *** semicolon expected
```

最初の2行が原始プログラム（の一部）であり，後の2行がエラーメッセージである．「^」が誤りの場所を指摘しているつもりである．しかし，このエラーメッセージは必ずしも親切とはいえない．この誤りは最初の行の最後に書くべき「;」を忘れたものであるが，コンパイラは「85」の次のトークンとして「var」を読んだところで「;」がこなかったことがわかるので，このようなエラーメッセージとなるのである．これは，コンパイラの内部の処理方式がわかる人にはわかるかもしれないが，一般の使用者には不親切である．より親切なものとして，「85」の直後の位置にエラーメッセージを出力するためには，コンパイラは，「いま読んだトークンだけでなく，その1つ前のトークンとの間にあった空白や改行」を覚えておかなければならない．本書のPL/0′コンパイラではその方式をとることにする．

ある種の誤りの発見のために仕組んだ仕掛けによって「見つけた」誤りの場合は，適切なエラーメッセージとなるが，コンパイラの正常な処理から外れたことによって「見つかった」誤りの場合は，使用者にとって親切なメッセージにはなりにくい．コンパイラとしては，そこまでは正しいプログラムであると思って処理してきたところ，突然おかしなものが出てきたというのでエラーメッセージを出すのであるが，その誤りの本当の原因はそれより前のほうにあるので，メッセージがわかりにくいということが多い．そのメッセージをわかりやすくするためには，コンパイラがそこまでのプログラムをどのように解析したかがわかるようにするのがよい．その情報を簡潔に出力する方式としては，たとえばトークンの種類によって字体（フォント）を変えて出力することが考えられる．このような出力は，エラーメッセージを理解するためだけでなく，プログラムそのものを理解するのにも役立つ．本書のPL/0′コンパイラではその方式を試みている．

7.4 誤りの修復

誤りの修復は，誤りの箇所を正しいもので置き換える，あるいは正しいものがそこにあったごとくに処理することである．一般的にはそれは不可能であるが，単純な場合には修復できることがある．

「`,`」や「`;`」はプログラムの中でいろいろな区切りとして使われているが，つい忘れたり，余分に付けたりすることがある．そのような場合でも，区切りの判別がつく場合は修復可能である．たとえば

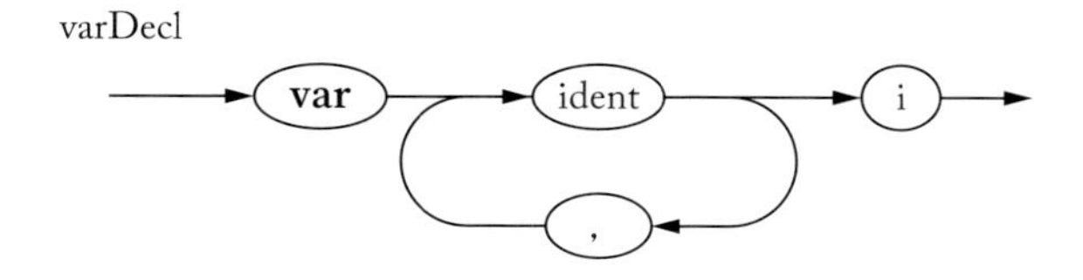

で定義されるvarDeclの構文解析プログラム *`varDecl`*`()` は，第5章の手順に従えばプログラム7.1のようになる（キーワード **`var`** を読んでから呼ばれるとする）が，このプログラムでは，区切りの「`,`」を忘れると修復されない．プログラム7.2のようにすれば修復される．*`errorInsert`*`(Comma)` では，「コンマが

足りないから挿入した」というエラーメッセージを出力するものとする．

[プログラム 7.1]

```
void varDecl()
{
    while (1){
        if (token.kind == Id)
            token = nextToken();
        else
            error();
        if (token.kind != Comma) break;
        token = nextToken();
    }
    if (token.kind == Semicolon)
        token = nexToken();
    else
        error();
}
```

[プログラム 7.2]

```
void varDecl()
{
    while (1){
        if (token.kind == Id)
            token = nextToken();
        else
            error();
        if (token.kind != Comma){
            if (tokenkind == Id){
                errorInsert(Comma);
                continue;
            }else
                break;
            }
        token = nextToken();
    }
    if (token.kind == Semicolon)
```

```
        token = nextToken();
    else
        error();
}
```

これを一般化するためには，5.5 節の（6）で，β_2 が終端記号 a のときは次の（6′）のようにすればよい．

（6′）　T({β_1//a})は次のようにする．

```
while (1){
    T(β1)
    if (nextToken != a) {
        if (nextToken ∈ First(β1)){
            errorInsert(a);
            continue;
        }else
            break;
    }
    nextToken = getToken();
}
```

しかし，このようにしても，β_1 が前記の例よりもっと複雑な形であるような場合に，β_1 の中にエラーがあってその途中までしか読めなかったときは，その残りのトークンに対して上記の判定がされるから，さらに aβ_1 が続く場合でもこのループを抜け出してしまう．エラーがあった場合の後始末は次節の話題ではあるが，ここでそこまで考慮するとすれば，上記の（6′）を次の（6″）のようにすればよい．

（6″）　T({β_1//a})は次のようにする．

```
flag = 1;
while (flag){
    T(β1)
    while (1){
        if (nextToken == a) {
            nextToken = getToken();
            flag = 1; break;
```

```
            }
            if (nextToken ∈ First(β1)){
                errorInsert(a);
                flag = 1; break;
            }
            if (nextToken ∈ Follow({β1 // a})){
                flag = 0; break;
            }
            nextToken = getToken();
        }
    }
```

ところで，(6″) のようにすると，今度は，Follow($\{\beta_1//a\}$) を書き忘れたときに，このループからなかなか抜け出せなくなる．このように，エラー処理の問題は一般に簡単ではない．本書の PL/0′ コンパイラでは，constDecl と varDecl に (6′) を適用し，**begin** と **end** で囲まれた statement の列に対しては (6″) を適用することにする．

もう 1 つ簡単なエラー修復法としては，5.5 節の (8) の記述が

（8）　a が終端記号のとき，T(a)は次のようにする．

```
    if (nextToken == a)
        nextToken = getToken();
    else
        error();
```

となっていたのを，a でなかったときに単にエラーとするだけでなく，そこに a があったように修復する方式がある．しかし，そのとき，いま読んだトークンを a で置き換えるべきなのか，その前に a を挿入すべきかが問題になる．どちらにするかを，T(a)を作るたびにきめ細かく決めることも考えられるが，簡単な一般的方法として，次のような方法も考えられる．終端記号の a には，英文字の綴りからなる予約語と，「,」や「=」などの特殊記号からなるものと，使用者が作るものとがある．そこで，いま読んだトークンといまそこにあるべきトークンの両方が予約語であるか，両方が特殊記号からなるものであったら，書き間違えと考えて置き換えとし，そうでなかったら書き忘れと考えて挿入とする方法であ

る．もちろんこれですべての場合にうまくいくわけではないが，うまくいく場合もある．本書のPL/0′コンパイラではこの方式をとっている．

変数名や予約語の書き誤り，あるいはタイプミスもある程度は修復可能である．たとえば，記号表を探索して同じ名前のものがなかったとき，1字違いの名前（1字が違う文字と入れ替わっているか，1字が抜けているか，1字が余分に入っている名前）を探し，該当するものが1つだけあり，それと取り替えても辻褄が合うならば，それと取り替えてしまうのである．

以上のような簡単なものだけでなく，もっと広い範囲の修復を試みているコンパイラもある．それである程度成功しているものもあるが，誤りの種類は千差万別であり，そのコンパイラの設計者が考えていなかった種類の誤りを犯すと，修復でなく，誤りを増殖させてしまうことになりかねない．

7.5 正常処理への復帰

一般に，原始プログラムには複数個の誤りがあると考えなければならない．1回のコンパイルでできるだけ多くの誤りを見つけるのが望ましい．そのためには，誤りがあったらそこのコンパイルは正常には続けられないが，その処理をした後では，できるだけ早く正常の処理に復帰する必要がある．しかし，その誤りの影響する部分がどこまでであるかを判定するのは一般には大変むずかしい問題である．与えられた言語の文法に対して，このような正常処理への復帰も含んだ構文解析プログラムを自動生成する方式の研究なども行われてはいるが，まだ実用になっているものはないようである．

実用的な方式としては以下のようなものがある．

正常処理への復帰はせず，最初にエラーを見つけたところでコンパイルを中止し，エディタを起動して原始プログラムのエラーの箇所を画面上のカーソルなどで示し，簡単なエラーメッセージを出力する．使用者はそれを見て，エディタでプログラムを修正して再度コンパイルする．誤りの処理が完全に自動的にできるわけではないから，それをすべて使用者がすることにするこの方式は実用的な方式といえる．しかし，誤りを多く含んだプログラムでこれを毎回やるのはわずらわしい．

Wirth が PL/0 コンパイラでとった方式（参考文献［Wirth 76］）は，比較的簡単なアルゴリズムで，適当な復帰をしようとするものである（「適当な」とは最適の意味ではない．簡単なアルゴリズムの割には比較的適切なという意味である）．それは，(1) 恐慌を起こさない（don't panic rule），(2) 予約語に頼る（keyword rule）という方針に従うものである．

再帰的下向き構文解析プログラムはいくつかの手続きからなっており，それらの手続きを順次呼び出すことによって構文解析が行われる．そのある手続きBで誤りが発見されたとき，Bで誤りの後始末をせずにBを呼び出した手続きAに戻ると，Aでは処理が困難になる．それがさらにAの親の手続きに影響し，それがさらに，というのが恐慌（panic）である．誤りを発見した手続きで正常処理への復帰のための処理までするのが (1) の規則である．そのためには，手続きAから手続きBを呼び出すとき，Bで正常に処理されるべきものの直後に後続する記号（それを後続記号（follow symbol）という）を引数として渡すことにする．Bで誤りが発見されたら，Aから渡された記号が出てくるまで読み捨ててAに戻ればよい．

上記の後続記号を書き忘れる誤りがあるかもしれないから，後続記号が出てくるまで読み捨てる，とだけするのは危険である．そこで，読み捨てを停止させる停止記号（stopping symbol）を考える必要がある．停止記号としては予約語（keyword）が考えられる．言語の主要な構文要素がすべて予約語で始まるような言語であれば，予約語を停止記号とすることによって，少なくとも次の主要な構文要素からは正常処理に戻れることになる．これが (2) の規則である．停止記号も，後続記号と同じく，引数として渡せばよい．

Wirthがその後考えたもう1つの方式（参考文献［Wirth 86］，［Moss 90］）は，誤りを見つけた手続きが後始末をするのでなく，誤りを見つけたときはそのままにしておいて，次に何かまとまった処理をするときに，その先頭の記号がでてくるまで読み捨てるというものである．たとえば，statementの処理をするときにFirst(statement)が出てくるまで読み捨てるのである．このような場所は同期点（synchronization point）と呼ばれる．前者の方式では，正しいプログラムを処理する場合でも，手続きを呼び出すたびに後続記号や停止記号の集合を計算して渡す必要があるが，この方式では，上記のFirst(statement)などはコンパイラの作成時にわかるから，読み捨てのプログラムはコンパイラの中に組み込んで置くことができる．どの処理についてこのような読み捨てをするか，すなわちどこを同期点とするかは，コンパイラを作るときに考える必要がある．

前節の（6″）では $T(\beta_1)$ の直後が同期点になっており，β_1 か a か Follow$(\{\beta_1//a\})$ が現れるまで読み捨てるプログラムになっている．

7.6　PL/0′ コンパイラの誤り処理

PL/0′ コンパイラではエラーメッセージを出力する代わりに，コンパイラが原始プログラムの各トークンをどのように処理したかを，字体（フォント）の違いによって表現することにする．そのために，コンパイラの出力を LaTeX 形式とする．したがって，出力結果を見るためには LaTeX の処理系を通す必要がある（なお，出力をインターネットのブラウザで見られる html 形式としたものが，オーム社のホームページにある．序文の末尾を参照せよ）．

トークンの種類と字体との対応は次のようにする．

- 予約語：太字，たとえば「const」は「{\bf const}」と出力する．
- 関数名：イタリック体，たとえば「gcd」は「{\it gcd}」と出力する．
- 引数名：斜体，たとえば「x」は「\sl x}」と出力する．
- 定数名：サンセリフ体，たとえば「m」は「\sf m}」と出力する．
- 変数名：普通体，たとえば「a」は「a」と出力する．
- 挿入したトークン：トークンを四角で囲む．
- 読み捨てたトークン：トークンを太線の四角で囲む．
- 名前の使い方のエラー：名前の上に小さな字で出力する．

たとえば，プログラム 7.3 が ex1 という名前のファイルに入っていたとすると，それをコンパイルした結果として，ex1.tex という名前の LaTeX ファイルが得られる．それから**図 7.1** の出力が得られる．このプログラムは誤りのある PL/0 プログラムとして（参考文献［Wirth 76］）にあげられているのを PL/0′ プログラムに書き換えてみたものである．

正常処理への復帰の方式としては，同期点をもうける方法を採ることにする．具体的には，文（statement）の先頭で同期をとる，すなわち，文のコンパイルをするとき文の先頭のトークンが現れるまで読み捨てることにする．

[プログラム 7.3]

```
const m = 7, n = 85
var x,y;

function multiply(x,y)
    var a,b,c
begin a := u; b := y; c := 0
    while b > 0 do
    begin
        if odd b do c := c + a;
        a := 2a; b := b/2
    end;
    return c
end;

function divide(x,y);
    var r,q,w;
    const two = 2, three := 3;
begin r := x; q := 0; w := y;
    while w <= r do w := two*w;
    while w > y do
        begin q := (2*q; w := w/2);
        if w <= r then
            begin r := r-w q := q+1
            end
        end;
    return q
end;

function gcd(x,y)
begin
    if x <> y then
        begin if x<y then return gcd(x,y-x);
            return gcd(x-y,y)
        end;
    return x
end;

function gcd2(x,y)
```

```
begin
    while x <> y do
        begin if x<y then y:=y-x;
            if y<x then x:=x-y;
        end;
    return x
end;

begin
    x := m; y := n;
    write x; write y; write multiply(x,y); writeln;
    x := 84; y := 36;
    write x; write y; write gcd(x,y); write gcd2(x,y);
    wrteln;
    write x(y); write divide(x,gcd); gcd = x; writeln
end.
```

```
const m = 7, n = 85 [;]
var x,y;

function multiply(x,y)
    var a,b,c[;]
begin a := u(undef); b := y; c := 0[;]
    while b > 0 do
    begin
        if odd b[do] [then] c := c + a;
        a := 2[⊗]a; b := b/2
    end;
    return c
end;

function divide(x,y)[;]
    var r,q,w;
    const two = 2, three[:=] [=]3;
begin r := x; q := 0; w := y;
    while w <= r do w := two*w;
    while w > y do
        begin q := (2*q[;] [)][⊗]w[:=] [w] [/] [2] [)];
            if w <= r then
```

```
            begin r := r−w⊗q := q + 1
            end
        end;
    return q
end;

function gcd(x,y)
begin
    if x <> y then
        begin if x<y then return gcd(x,y−x);
            return gcd(x−y,y)
        end;
    return x
end;

function gcd2(x,y)
begin
    while x <> y do
        begin if x<y then y := y−x;
            if y<x then x := x−y;
        end;
    return x
end;

begin
    x := m; y := n;
    write x; write y; write multiply(x,y); writeln;
    x := 84; y := 36;
    write x; write y; write gcd(x,y); write gcd2(x,y); writeln;
    write x⊗(y); write divide(x,gcd( )); gcd(var/par) = := x; writeln
end.
```

図 7.1　LaTeX の出力

演習問題

1. いろいろなエラーのある PL/0′ プログラムに対して PL/0′ コンパイラがどんな出力を与えるか調べてみよ．適切でない出力を与えるものがあったら，なぜそのような出力になるか考えてみよ．

2. 手近にあるコンパイラで前問と同様のことを行え．

8
仮想マシンと通訳系

目的コードを実際の機械語のコードとするのでなく，原始言語に都合の良い仮想的な計算機があると考えて，その仮想的な計算機の目的コードを生成することにすればコンパイラは簡単になる．仮想マシンとしては，スタックを持ったいわゆるスタックマシンが一般的である．そのスタックは，演算実行のためだけでなく，記憶域管理にも使われる．ここでは，仮想マシン，原始プログラムから目的コード（仮想マシン語）への変換の方法，目的コードの実行法（仮想マシンの通訳系）の説明をする．最後に，PL/0′ マシン（PL/0′ 言語のための仮想マシン）を説明し，ソースプログラムと目的コードとの対応の例を示す．

8.1 仮想マシンとは

原始プログラムを現実の計算機の機械語に変換するのでなく，その言語に適した仮想的な計算機があると考えて，その仮想機械語に変換するほうがコンパイラは簡単である．1章で述べたように，その目的プログラムを実行するには，それを解釈して実行するプログラム（それを通訳系またはインタプリタ（interpreter）という）があればよい．

仮想計算機としていままで考えられているのは，後置記法を基本とするものがほとんどである．2章で述べたように，後置記法に変換するのも，後置記法の式を計算（プログラムを実行）するのも比較的単純にできるからである．このマシンは，式の計算にはスタックを使う，いわゆるスタックマシンである．

8.2 仮想マシンの機能

スタックを持った仮想マシンの命令として考えられるのは，スタックにデータを積む（ロード（load）する）命令やデータをスタックから降ろしてメモリに格納する（ストア（store）する）命令，スタックのデータを使って演算する命令，if 文や while 文を実行するための分岐命令，関数呼び出しなどを実現するための呼び出し（call）命令，呼び出したところへ戻るための戻り（return）命令などがある．最後の 3 種類の命令は，プログラムの実行の流れを制御する命令であるので制御命令と呼ばれる．

命令語は，通常，命令の機能を表す部分と，その機能の対象を指す部分からなる．前者は，機能部（function part）または操作部（operation part）と呼ばれ，後者は番地部（address part）と呼ばれる．

8.2.1　ロード/ストア命令

ロード命令には，変数の値をロードするものと，定数値をロードするものがある．変数の値は変数に割り当てられたメモリからロードする．したがって，そのロード命令の番地部には，変数のメモリ番地が入っている．定数の値は命令の中に入れておくのが簡単であるので，そうすることが多い．このような違いは機能部で区別される．後者は前者と区別して，リテラル命令とか定数命令とか呼ばれる．リテラル命令では番地部に定数値が入る．

ロード命令としては，変数の値をロードするのでなく，変数のアドレスをロードする命令も必要になる場合がある．

8.2.2　演算命令

演算命令には，算術演算，比較演算，論理演算などがあり，スタックマシンでは，スタックの先頭の（いくつかの）データに対して演算をする命令である．演算に使われるデータは単項演算の場合はスタックの先頭の 1 つのデータであり，2 項演算の場合は 2 つのデータである．演算の結果は，通常，スタックの先頭に入る．演算の種類は，命令語の機能部で指定することも考えられるし，機能部では演算命令であることだけを指定して，演算の種類は番地部で指定することも考えられる．

配列型のデータが扱えるプログラム言語の場合，配列名と添字の値から配列要素の値（またはアドレス）を取り出すのも，1 つの演算命令として実行するとしてもよい．たとえば，r が 2 次元配列として宣言されているとき，式の中にある

r[e1, e2]

の目的コードは，たとえば，次のようにしてもよい．

e1 の目的コード
e2 の目的コード
loadaddr a(r)
opr array2

ここで，「loadaddr a(r)」は，機能部に「loadaddr」，番地部に「a(r)」が入っている命令で，a(r) は配列 r に関する宣言情報が入っている番地とし，「opr array2」は 2 次元配列の要素を取り出す演算命令であるとする．このコードを実行すると，まず e1 の値がスタックに積まれ，その上に e2 の値が積まれ，さらにその上に配列 r の宣言情報が入っている番地が積まれた状態で，2 次元配列の要素を取り出す命令が実行されることになる．

8.2.3　分岐命令

if 文（の目的コード）を実行するには分岐命令が必要である．たとえば

```
if condition1 then statement1;
```

を実行するためには，まず condition1 を計算し，その値が真ならば statement1 を実行し，偽ならば statement1 の部分を飛び越すようにすればよい．すなわち，この目的コードは次のようにすればよい．

	condition1 の目的コード
	jpc b1
	statement1 の目的コード
b1 :	次の文の目的コード

ここで，「jpc b1」は，機能部に「jpc」，番地部に「b1」が入っている命令で，スタックの先頭のデータが偽であれば b1 番地（の命令の所）へ飛び越すという命令である．「jpc」は「jump on condition」のつもりで付けた名前である．

while 文の実行にも分岐命令が必要である．たとえば

```
while condition2 do statement2;
```

の目的コードは次のようにすればよい．

b2 :	condition2 の目的コード
	jpc b3
	statement2 の目的コード
	jmp b2
b3 :	次の文の目的コード

ここで，「jmp b2」は，b2 番地（の命令の所）へ無条件に飛び越すという命令である．

8.2.4　呼び出し/戻り命令

関数や手続きの呼び出し命令と戻り命令については，次節で記憶域管理と関連させて説明する．

8.3　仮想マシンの記憶域管理

記憶域管理とは，変数などに記憶域を割り当てたり，それが不要となったときに解除したりすることである．記憶域管理の方法はプログラム言語に合わせて考えなければならない．

一般に，実行時の記憶域には，(1) 実行中に割り当ての変化しない静的記憶域 (static area)，(2) ブロックへの出入りに応じてブロックごとの割り当て/解除を行うスタック型記憶域 (stack area)，(3) 実行中に必要に応じてデータごとに割り当てていくヒープ領域 (heap area) などがある．ここでは (2) について説明する．

例題として，6.4 節のプログラム 6.1 をとりあげ，それをプログラム 8.1 としてここに再掲する．このプログラムでは各手続きが局所変数 (local variable) を持っている．たとえば，手続き q の局所変数は b，d である．手続き q はその内部（手続き r の中）から呼び出されているから再帰的手続きである．このような，再帰的手続きの局所変数は静的記憶域に割り当てることはできない．手続きが何重に呼び出されるかは実行してみないとわからないし，そのそれぞれの局所変数の割り当てが必要だからである．

このような場合はスタック型領域に割り当てればよい．手続きが呼び出されたとき，その手続きの局所変数の場所をスタック上に割り当て，手続きから戻るときにそれを解消するのである．プログラム 8.1 で，主プログラム p から q，q から r と順次呼ばれたとき，スタック領域の割り当ては**図 8.1** の右側のようになる．

[プログラム 8.1] ブロックの入れ子の例

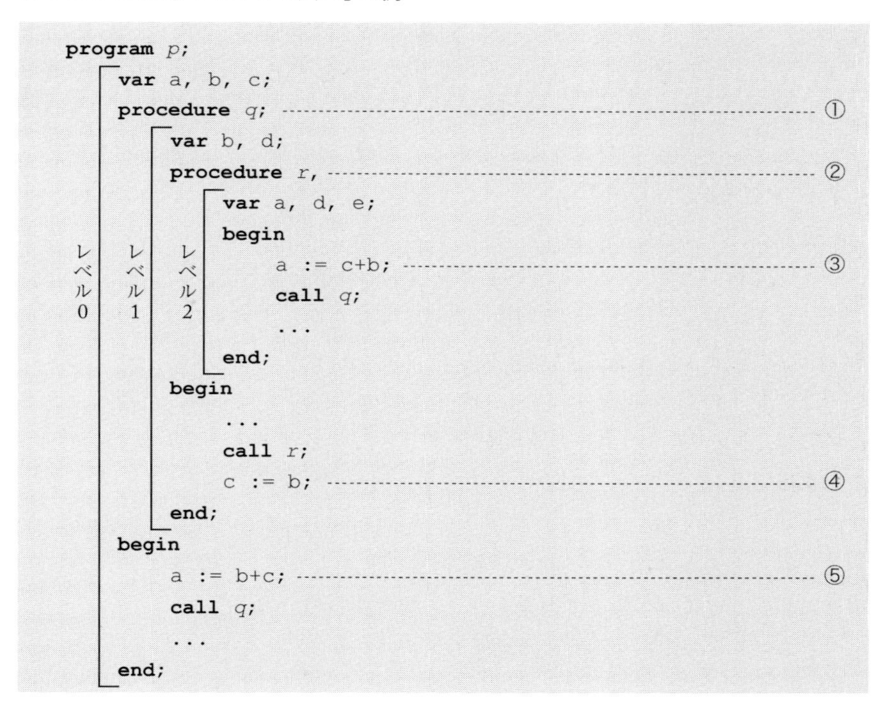

```
program p;
    var a, b, c;
    procedure q; ------------------------------ ①
        var b, d;
        procedure r, -------------------------- ②
            var a, d, e;
            begin
                a := c+b; --------------------- ③
                call q;
                ...
            end;
        begin
            ...
            call r;
            c := b; --------------------------- ④
        end;
    begin
        a := b+c; ----------------------------- ⑤
        call q;
        ...
    end;
```


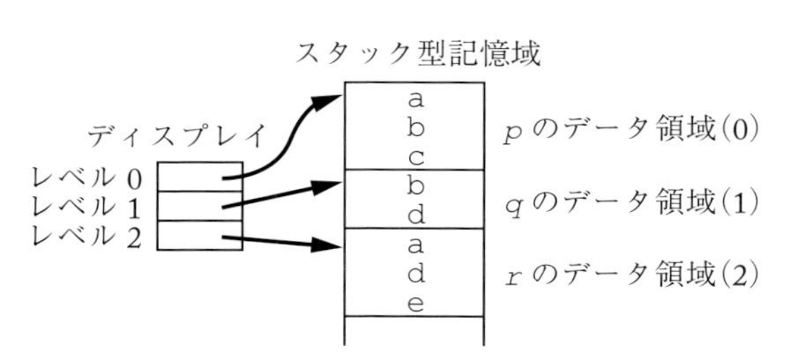

図 8.1　プログラム 8.1 の実行時記憶域（その 1）

ある手続きから見える（そこで参照できる）のは，その手続きの局所変数とその手続きを包む手続きの局所変数である．この場合，それは，データ領域（2）と（1）と（0）に割り当てられている変数である．それはブロックのレベルでいえばレベル2とレベル1とレベル0の領域であり，rの目的コードを実行するためにはその領域がどこにあるかがわからなければならない．そのためには，現在見えるべき領域の場所がレベルごとにわかればよい．そのような情報をまとめたものはディスプレイと呼ばれる．それも図8.1に示してある．

この図8.1の状態で，さらにrからqを呼び出したときは**図8.2**の状態になる．すなわち，新たなqのために領域（1′）が割り当てられ，qから見えるのはその領域と領域（0）だけになるのである．領域（1）と（2）はそのとき見えなくなるのであるが．qからrに戻ったときは，またもとの図8.1のようになって，見えるようにしなければならない．そのためには，図8.1から図8.2へ移るときに，少なくとも，ディスプレイのレベル1の情報はどこかに退避しておいて，図8.1に戻るときはそれを回復しなければならない．ディスプレイのレベル2の情報も退避しておかなければならないように思うかもしれないが，実は，ディスプレイの退避/回復はこれ1つをするだけでいいのである．ただし，そのためには，「レベルiの手続きを呼び出すときには必ずディスプレイのレベルiの内容を退避し，そこから戻るときは必ずレベルiの内容を回復する」とする必要がある．たとえば，図8.2の状態からさらに2回目のrの呼び出しがあったとしても，そのときにレベル2の退避/回復が行われるから，図8.1からのqの呼び出しのときにレベル2の退避を行う必要はないのである．

ディスプレイの内容を退避する場所もスタック領域にとるのがよい．そのほか

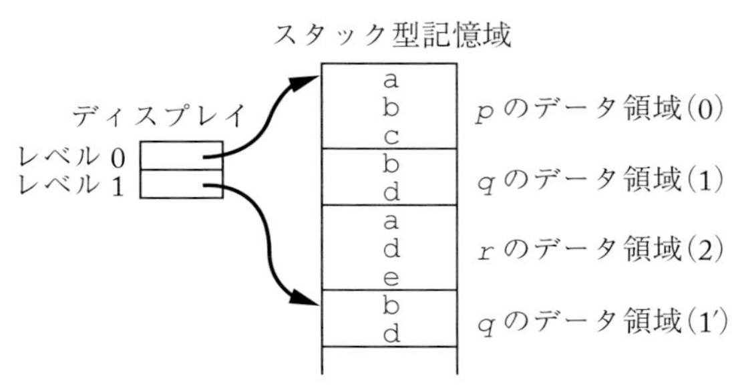

図8.2　プログラム8.1の実行時記憶域（その2）

に，戻り番地（呼び出した命令（call 命令）の次の命令の番地）を覚えておく必要があるが，それもスタック領域に入れておくのがよい．さらに，現在のスタックの先頭（トップ）がどこであるかの情報が必要である．新しい領域はそこから割り当てられるのであるし，領域を解放したときはその値をその領域の大きさだけ減らせばよいのである．ただし，その情報を別途退避回復する必要はない．必要な情報はすでにディスプレイに入っているからである．すなわち，レベル i の手続きの実行中はその手続きの領域の先頭番地がディスプレイのレベル i に入っている．その手続きから戻ったときその領域を解放するということは，その領域の先頭番地を戻ったときのスタックのトップとすればよいのである．

以上の情報を入れて図 8.1 を書き直すと**図 8.3** のようになる．RetAdr はそこに戻り番地が入っていることを示す．各データ領域の先頭がディスプレイの退避場所であるが，最初はディスプレイに何も入っていないので，最初の 3 つの退避内容に意味はない．領域（1′）の退避場所には，前のレベル 1 の内容が入っている（その内容を矢印で示している）．

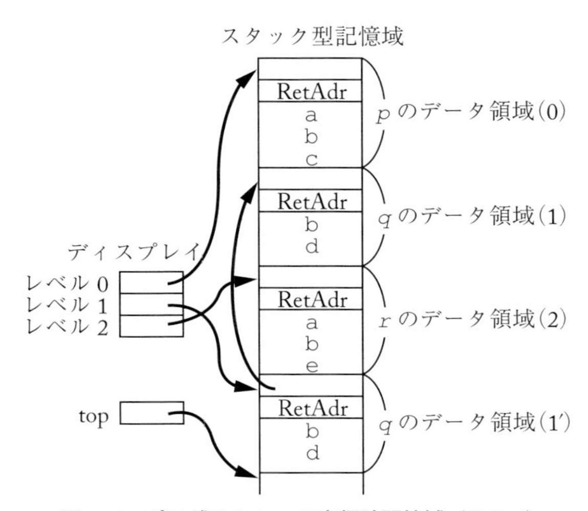

図 8.3　プログラム 8.1 の実行時記憶域（その 3）

記憶域やディスプレイを上記のように管理するとすれば，前節で説明し残した呼び出し命令と戻り命令は次のようにすればよい．ただし，いまここで説明できるのはパラメータのない手続き呼び出しについてであり，パラメータのある関数呼び出しについてはまた後で説明する．

8.3.1 呼び出し/戻り命令

手続きの呼び出し命令では，呼び出される手続きのレベル i とその手続きの目的コードの先頭番地を指定する．その呼び出しの実行時には

- ディスプレイのレベル i の内容と戻り番地を，スタックの先頭（topの指すところ）とその次に入れる（ディスプレイのレベル i と戻り番地の退避）
- topの内容をディスプレイのレベル i に入れる（これはtopの退避にもなる）
- topの内容を呼び出された手続きのデータ領域分だけ増やす

ことを，この順に行えばよい．

手続きからの戻り命令では，その手続きのレベル i を指定する．その戻り命令の実行では，呼び出しのときの逆の操作で

- ディスプレイのレベル i の内容をtopに入れる（topの回復，データ領域の解放）
- topの指す番地の内容をディスプレイのレベル i に入れる（レベル i の回復）
- topの指す所の次に入っている番地（戻り番地）へ戻る

ことを，この順に行えばよい．

また，8.2.1項で述べた変数のアドレスは，その変数の宣言された手続きのレベルと，その手続きのデータ領域の中でのその変数の相対アドレス（オフセットとも呼ばれる）で表現されることになる．したがって，プログラム8.1の③，④，⑤の目的コードは，それぞれ次のようにすればよい．各領域の中では，ディスプレイのレベル i の退避場所が0番地，戻り番地の退避場所が1番地，最初に宣言された変数の番地が2番地であるとしている．命令語のアドレス部はレベル番号と相対アドレスからなる．たとえば「`load 0 4`」はレベル0のデータ領域の中の相対アドレス4のデータをロードする命令である．

③ `a := c+b;`

```
load  0 4    /* c */
load  1 2    /* b */
opr   add    /* + */
store 2 2    /* a */
```

④　c := b;

```
load  1 2    /* b */
store 0 4    /* c */
```

⑤　a := b+c;

```
load  0 3    /* b */
load  0 4    /* c */
opr   add    /* - */
store 0 2    /* a */
```

ところで，上記の代入文の実行にもスタックが必要である．もしこの仮想計算機を実際にハードウェアとして実現するのであれば，代入文などを高速に実行するために，そのスタックと記憶域のスタックとは別のものとするかもしれないが，ソフトウェアの通訳系で実現する場合は，同じスタックを両方のために使うことができる．それには，図 8.3 で top の指しているところから先を演算用スタックと考えればよい．

以上のような仮想マシンで，パラメータのある関数を呼び出すときはどうすればよいであろうか．それを，プログラム 8.2 の例題で考えてみよう．そのプログラムで，f(b+c, c) の計算をするためには，まず実引数の計算をすることになるから，目的コードは

```
load b
load c
opr add
load c
call f
```

の形になる．

この目的コードを実行して，`call f` で f を呼び出す直前の状態は**図 8.4** のようになっている．b+c や c の値は関数 f の中で必要であるから，f が呼ばれたとき，f のデータ領域は**図 8.5** のように割り当てる必要がある．このように割り当てると，第 1 引数のアドレスはディスプレイのレベル 1 の指すところの 2 つ前，第 2 引数は 1 つ前となる．一般に，n 個の引数を持つ場合，その第 j 引数のアド

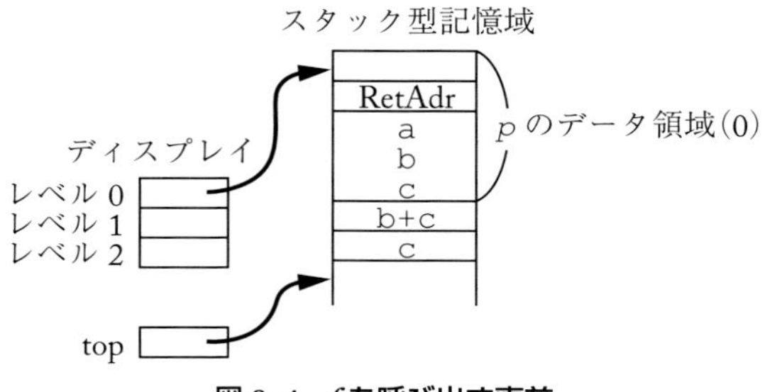

図 8.4 f を呼び出す直前

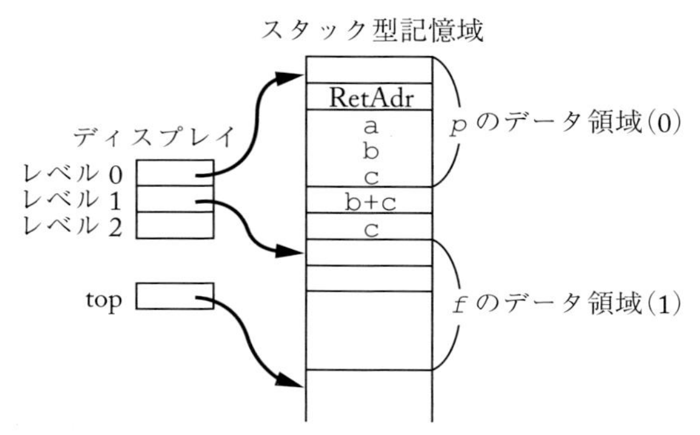

図 8.5 実引数と関数のデータ領域

レスはディスプレイの指すところから $n-j+1$ 前になる．したがって，たとえば，プログラム 8.2 の中の「`:=x;`」の目的コードは「`load 1 -2`」とすればよい．

[プログラム 8.2]

```
program p;
    var a, b, c;
    function f(x,y)
        var..;
        begin
            .. := x;
        end;
    begin
        a := f(b+c, c);
    end;
```

関数fから戻ったときには，**図8.6**のようになっていなければならない．この場合には，呼び出す直前に第1引数の値が入っていたところに関数の値が入っていなければならない．一般には，n個の引数をもった関数の場合，その関数値を入れる場所は，その関数の実行時のデータ領域の先頭からn個前である．これは，引数がない場合，すなわち$n=0$の場合も成り立つ．

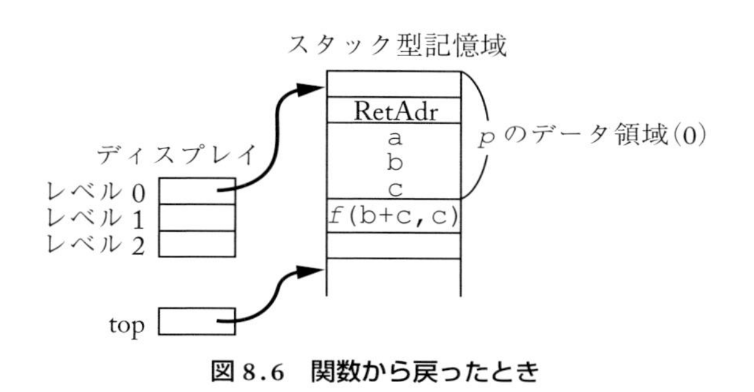

図8.6 関数から戻ったとき

8.4 仮想マシン語への変換

原始プログラムを解析して，その目的コードとして仮想マシン語のプログラムを生成する方法は，本書のこれまでの説明によって，大体わかると思われる．ここで説明が必要なのは，if文やwhile文の目的コードの中の分岐命令の作り方であろう．

8.2.3項で述べたように

```
if condition1 then statement1;
```

の目的コードは

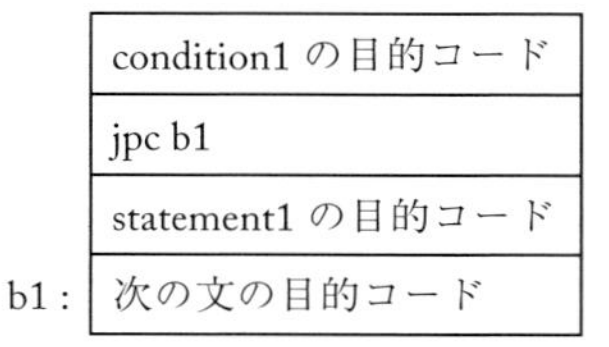

のようにすればよい．これは，以下のようにして作っていくことができる．まず，condition1の解析をしたところで「condition1の目的コード」が作成される．次に，jpc命令を作るのであるが，この時点では「statement1の目的コード」が

作られていないからb1の場所がわからない．そこでとりあえず番地部が空いたままのjpc命令を作っておき，後でその飛び先がわかったところで，それを先ほど作ったjpc命令の番地部に埋め込むことにする．この操作はバックパッチ（backpatch：後ろを振り返ってパッチする）と呼ばれる．バックパッチをするためには，jpc命令を作ったときにその命令の入っている場所をなんらかの変数に覚えさせておき，「statement1の目的コード」を作成し終わったところで，次の目的コードの番地（次に作成される目的コードが入る場所）を，その変数の示す場所にある命令の番地部に埋め込めばよい．

同じ8.2.3項のwhile文についても，jpc命令はバックパッチで作成すればよい．

8.5　仮想マシンの実現（通訳系）

仮想マシンが実際に存在するかのように実行するのが通訳系（interpreter）である．通訳系の基本的な構造はプログラム8.3に示されているようなものである．そこでは，配列codeに仮想マシンの命令語列が入っている．命令語は機能部funcと番地部addrからなる．ループから抜け出すのは特定の命令を実行したときであるとしている．

［プログラム8.3］　通訳系の基本構造（その1）

```
enum functype { op1, op2, ...}
typedef struct inst{
    functype func;
    int addr;
} instruction;
instruction code[M];
int i;
instruction ireg;
...
i = 0;
while(1){
    ireg = code[i++];
    switch(ireg.func) {
    case op1:...
```

```
    case op2:...
    ...
    }
}
```

簡単な例として，命令はload，store，add，jumpだけであり，変数は記憶域に静的に割り当て，演算はスタックで行う仮想マシンの場合の通訳系は，プログラム8.4のようになる．

[プログラム8.4]　通訳系の基本構造（その2）

```
enum functype {load, store, add, jump}
typedef struct inst{
    functype func;
    int addr;
} instruction;
instruction code[M];
int stack[N];
int memory[L];
int i, j;
instruction ireg;
...
i = 0; j = 0;
while(1){
    ireg = code[i++];
    switch(ireg.func) {
    case load: stack[j++] = memory[ireg.addr]; break;
    case store: memory[ireg.addr] = stack[--j]; break;
    case add: j--; stack[j-1] = stack[j-1]+stack[j]; break;
    case jump: i = ireg.addr; break;
    }
}
```

8.6　PL/0′マシンとPL/0′の目的コード

PL/0′マシンは，8.3節で述べたような構造をしているとする．すなわち，スタックを持ち，ディスプレイとtopというレジスタを持ち，以下のような命令語を持つものとする．

- **命令形式 1**（機能部とレベル部と番地部からなる）

  この形式の命令には，lod（ロード），sto（ストア），cal（コール），ret（リターン）がある．

  lod と sto 命令のレベル部と番地部は変数のレベルと相対番地である．cal 命令のレベルは関数名が宣言されているレベル（関数本体のレベル－1），番地部は関数の目的コードの先頭番地であり，ret 命令のレベルは関数本体のレベル，番地部は関数の引数の個数である．

- **命令形式 2**（機能部と値部）

  この形式の命令には，lit（リテラル），ict（トップを増加させる），jmp（ジャンプ），jpc（条件ジャンプ）がある．値部は，lit と ict 命令のとき数値，jmp と jpc のとき飛び先である．

- **命令形式 3**（機能部と演算部）

  この形式の機能部は opr だけ．

  演算部には neg（反転），add（加算），sub（減算），mul（乗算），div（除算），odd（奇数），eq（等しい），ls（小さい），gr（大きい），neq（等しくない），lseq（小さいか等しい），greq（大きいか等しい），wrt（値出力），wrl（改行出力）がある．

PL/0′ の原始プログラムに対して，どんな目的コードを生成すればよいかは，これまでの説明からわかると思う．コンパイラは 1 パスコンパイラとして，原始プログラムを解析するはしからコードを生成していくものとする．解析した時点で，そのコードを生成するのに十分な情報がまだない場合が問題である．そのような問題としては if 文や while 文の条件分岐命令の問題があるが，それはすでに説明した．ここでは関数や主プログラムの先頭番地に関する同様な問題について，プログラム 8.5 の例を使って説明する．

[プログラム 8.5]

```
program p;
    var a, b, c;
    function f(x,y)
        var ..;
        function g()
```

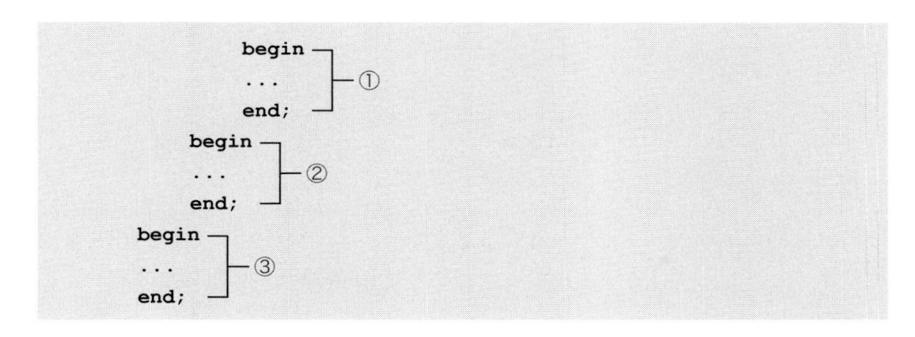

主プログラムの先頭番地は目的プログラムの一番最初，すなわち0番地であるとするが，主プログラムの本体はプログラム8.5の③の部分であるから，0番地には③の部分の目的コードへの飛び越し（ジャンプ）命令を置くことにする．しかし，その飛び先が何番地になるかは，そこまでの関数 f や g のコンパイルをしてみなければわからない．そこで，この飛び越し命令もバックパッチで完成させるものとする．

関数の先頭番地についても，少し事情の違う点はあるが，同じようなことがある．先に結果を示すと**図8.7**のようになる．先頭にある「jmp p1」という命令は上で説明した主プログラムの分岐命令である．図の3つの矢印は，それぞれ，①，②，③のコードの部分にある関数 f を呼び出す命令による飛び先を示している．

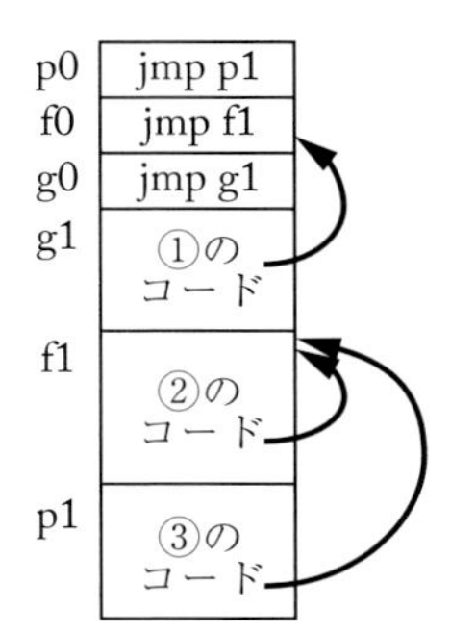

図8.7　プログラム8.5の目的コード

原始プログラムの先頭からコンパイルを開始して，

```
function f(x, y)
```

という関数の宣言を見たとき，関数名 f は記号表に登録される．しかし，まだ

関数 f の本体②のコンパイルはされていないから，その本体の先頭番地はわからない．①の中に f の呼び出しがあったら，その呼び出し命令について前記のようにバックパッチをすればよいと思うかもしれないが，①の中には f の呼び出しが複数個あるかもしれないから，そのバックパッチはちょっと複雑になる．そのバックパッチを簡単にするためには，関数 f の宣言を見たときにその本体への飛び越し命令（f0 番地の jmp 命令）を作り，①の中での呼び出しは f0 番地へ飛ぶことにし，②の番地が決まったところで f0 番地の jmp 命令だけをバックパッチすればよい．

②や③の中に f の呼び出しがある場合も①の場合と同じようにしてもよいのであるが，今度は，f の本体の先頭番地 f1 はわかっているのであるから，2 回のジャンプによって f1 へ行くよりも，直接 f1 へ飛ぶようにしたほうがよい．

以上のことを実現するためには，コンパイラは次のようにすればよい（図 8.5 の f を例として説明する）．

（1） 関数の宣言を見たとき

- 関数名 f とその先頭番地 f0 を記号表に登録する．
- jmp 命令を生成する．

（2） 関数の本体の直前に到達したとき

- （1）の jmp 命令にバックパッチする（飛び先は f1）．
- 関数名 f の先頭番地を（f1 に）修正する．

（3） 関数呼び出しを見たとき（（1），（2），（3）いずれの場合も）

- 記号表にある先頭番地へ飛ぶ cal 命令を生成する．

3.5 節の PL/0′ プログラムの一部を取り出したプログラム 8.6 の目的コードは**図 8.8** のようになる．図 8.8 の左端の数字はその命令の存在する場所（命令語の配列のインデックス）を示すために付けたものであり，右端はコメントである．

[プログラム 8.6]

```
function multiply(x,y)
    var a,b,c;
begin a := x; b := y; c := 0;
    while b > 0 do
    begin
```

```
        if odd b then c := c + a;
        a := 2*a; b := b/2
    end;
    return c
end;

const m = 7, n = 85;
var x,y;

begin
    x := m; y := n;
    write x; write y; write multiply(x,y);
    writeln;
end.
```

また，コンパイラの出力として得られるLaTeXファイル**図8.9**からは**図8.10**の出力が得られる．

```
code
 0: jmp,31        main:
 1: jmp,2         multiply:
 2: ict,5         multiply: a,b,c
 3: lod,1,-2      x
 4: sto,1,2       a
 5: lod,1,-1      y
 6: sto,1,3       b
 7: lit,0         0
 8: sto,1,4       c
 9: lod,1,3       while: b
10: lit,0         0
11: opr,gr        >
12: jpc,29        exit while
13: lod,1,3       b
14: opr,odd       odd
15: jpc,20        exit if
16: lod,1,4       c
17: lod,1,2       a
18: opr,add       +
19: sto, 1,4      c
20: lit,2         2
21: lod,1,2       a
22: opr,mul       *
23: sto,1,2       a
24: lod,1,3       b
25: lit,2         2
26: opr,div       /
27: sto,1,3       b
28: jmp,9         to while
29: lod,1,4       c
30: ret,1,2       return
31: ict,4         main: x,y
32: lit,7         m
33: sto,0,2       x
34: lit,85        n
35: sto,0,3       y
36: lod,0,2       x
37: opr,wrt       write
38: lod,0,3       y
39: opr,wrt       write
40: lod,0,2       x
41: lod,0,3       y
42: cal,0,2       call multiply
43: opr,wrt       write
44: opr,wrl       writeln
45: ret,0,0       return
```

図 8.8　プログラム 8.6 の目的コード

```
\documentstyle[12pt]{article}
\begin{document}
\fboxsep=0pt
\def\insert#1{$\fbox{#1}$}
\def\delete#1{$\fboxrule=.5mm\fbox{#1}$}
\rm
\par
\ \par
{\bf function}\ {\it multiply}$($({\sl x}$,${\sl y}$)$
\ \ \ \ {\bf var}\ a$,$b$,$c$;$\par
{\bf begin}\ a $:=$\ {\sl x}$;$\ b\ $:=$\ {\sl y}$;$
\ \ \ \ {\bf while}\ b\ $>$\ 0\ {\bf do}\par
\ \ \ \ {\bf begin}\par
\ \ \ \ \ \ \ \ {\bf if}\ {\bf odd}\ b\ {\bf then}\ c\
\ \ \ \ \ \ \ \ a\ $:=$\ 2$*$a$;$\ b\ $:=$\ b$/$2\par
\ \ \ \ {\bf end}$;$\par
\ \ \ \ {\bf return}\ c\par
{\bf end}\ $;$\par
\ \par
{\bf const}\ {\sf m}\ $=$\ 7$,$\ {\sf n}\ $=$\ 85$;$\par
{\bf var}\ x$,$y$;$\par
\ \par
{\bf begin}\par
\ \ \ \ x\ $:=$\ {\sf m}$;$\ y\ $:=$\ {\sf n}$;$\par
\ \ \ \ {\bf write}\ x$;$\ {\bf write}\ y$;$\ {\bf write}\
\ \ \ \ {\bf writeln}$;$\par
{\bf end}$.$
\end{document}
```

図 8.9　プログラム 8.6 に対するコンパイラの出力

```
function multiply(x,y)
    var a,b,c ;
begin a := x ; b := y; c := 0 ;
    while b > 0 do
    begin
        if odd b then c := c + a;
        a := 2*a; b := b/2
    end;
    return c
end;

const m = 7, n = 85 ;
var x,y;

begin
    x := m; y := n;
    write x; write y; write multiply(x,y);
    writeln;
end.
```

図 8.10　図 8.9 の LaTeX 出力

演習問題

1． PL/0′ 言語の if 文を以下のように変更したとき，PL/0′ コンパイラはどのように修正すればよいか．

statement → **if** condition **then** statement (**else** statement | ε)

ただし，言語のあいまい性を解決するために，問題 5.4 に述べた方法をとることにする．

2． PL/0′ 言語に以下の文を追加したとき，PL/0′ コンパイラはどのように修正すればよいか．

statement → **repeat** statement **until** condition

この文は，condition が成り立つまで statement を繰り返し実行する文である．

3． PL/0′ 言語に配列を追加したとき，PL/0′ コンパイラはどのように修正すればよいか．配列の宣言の仕方，配列要素の指定の仕方，その目的コードに必要な命令語も適当に考えよ．

9
さらに学ぶために

本書でコンパイラの基本を理解した上でより詳細な知識を得るためにお勧めできる本としては［中田 09］，［Aho 07］がある．これらの本には以下に述べるほとんどの項目について詳細に解説されている．ただし，大部である．

4 章の字句解析では正規表現から決定性有限オートマトンを作成し，それをもとに字句解析プログラム（lexer と呼ばれることもある）を手書きしたが，それを自動的に行うソフトウェアがいくつも開発されているから，実際にコンパイラなどを作成するときはそれを使えばよい．

それらの使い方はたとえば［Lex］，［Lev 90］，［五月女 96］，［五月女 03］に書かれている．

実際に yacc/lex を使って書いた PL/0′ コンパイラのリストが［pl0yacc］にある．その中の pl0.1 ファイルに字句の正規表現が書かれている．また，JavaCC［JavaCC］を使って書いた PL/0′ コンパイラのリストが［pl0javacc］にある．その中の pl0.jj ファイルに字句の正規表現と構文規則が書かれている．

5 章では，LL 構文解析のほうがわかりやすく，手書きのコンパイラに適しているからとして LL 構文解析を取り上げており，LR 構文解析については歴史に触れているだけであった．

LR 構文解析の考え方は LL 構文解析よりも少し難しいが，適用範囲は広い．構文解析プログラムの自動生成系（パーサジェネレータ（parser generator）とも呼ばれる）として最初に広く使われるようになった yacc［John 75］は LR 構文解析法を使っている．

LR 構文解析法の原理を知らなくても，yacc のような生成系を使えば LR 構文解析をするパーサを得ることはできるが，やはり原理は知っていたほうが良い．

コンパイラの入門書のなかでLR構文解析法の原理を比較的詳しく説明しているものとしては，［湯浅14］がある．

ここでは，**LR構文解析**の動きを5章で取り上げた例を使って説明しよう．

LR構文解析は，上向き構文解析法であり，読み込んだ終端記号やすでに還元された非終端記号からなる列がある非終端記号に還元できることがわかったら還元していく方法である．解析の途中経過はスタックで表現される．解析のための動作は2種類しかなく，次の入力をスタックに積む（それを**シフト**という）かスタックの上部にあるものを還元するかのどちらかである．どの動作をとるべきかがどんな入力に対しても決められれば，この方法で解析できる．シフトと還元の両方あるいは複数の還元の可能性があるとき，5章で述べたFollow集合を使ってその中の1つに決められるような文法はSLR（Simple LR）文法と呼ばれ，SLR構文解析と呼ばれるLR構文解析が可能になる．その決め方は，ある還元をした場合の結果の非終端記号のFollow集合に次の入力が入っていればその還元を選ぶというものである．その集合にシフトの終端記号が入っていなければ，シフトか還元かを決めることができる．

5章で取り上げた文法G1（**図9.1**）はSLR文法である．

	生成規則	Follow集合
1)	E → E+T[+]	$+)
2)	E → T	$+)
3)	T → T*F[*]	*$+)
4)	T → F	*$+)
5)	F → (E)	*$+)
6)	F → i[i]	*$+)

図9.1　文法G1

文法G1の文「a+b*c$」は**図9.2**のように構文解析される．最初はスタックが空であるから「a」が「i」としてシフトされる．その結果スタックのトップにiがあり，これは6番の生成規則でFに還元され得るが，次の入力「+」がFのFollow集合に入っているから，還元に決定されて，スタックのトップはFに変えられる．さらに「+」がTのFollow集合にも入っているから，FがTに還元される．以上が3行目までである．問題は4行目の動作である．スタックのトップにTがあるときは2番の生成規則で還元するか，3番の生成規則にしたがって

スタック	入力	動作
空	a+b＊c$	aのシフト
i	+b＊c$	F→iで還元，aが出力される
F	+b＊c$	T→Fで還元
T	+b＊c$	E→Tで還元
E	+b＊c$	+のシフト
E+	b＊c$	bのシフト
E+i	＊c$	F→iで還元，bが出力される
E+F	＊c$	T→Fで還元
E+T	＊c$	＊のシフト
E+T＊	c$	cのシフト
E+T＊i	$	F→iで還元，cが出力される
E+T＊F	$	T→T＊Fで還元，＊が出力される
E+T	$	E→E+Tで還元，+が出力される
E	$	構文解析完了

図9.2　a＋b*c$ の LR 構文解析の動き

「＊」をシフトするかの両方の可能性があるが，還元先のEのFollow集合に「＊」が入っていないから，いつでもそのどちらかに決定することができる．いまの場合は還元に決まる．5行目は1番の生成規則によってシフトになる．スタックが「E+」になった状態ではTに還元されるものを読むことができる．そこで「b」がシフトされ，それがTにまで還元される．その時点では1番の生成規則で還元するか，3番の生成規則でシフトするかの可能性があるが，還元先のEのFollow集合に「＊」が入っておらず，次の入力が「＊」であるからシフトになる．以下，図に示すように構文解析が進行する．出力結果は「a b c ＊ +」である．

実際のLR構文解析ではスタックの状態と次の入力との組み合わせで決まる動作をLR構文解析表と呼ばれる動作表にまとめておいて，その表に従って構文解析が行われる．

その後，LL構文解析法のパーサジェネレータで，LL(1)になっていない箇所の解決法を強化して適用範囲を広げたものがいくつか開発されている．JavaCCやANTLR[1)]（[antlr]，[Parr 09]）はそのようなものである．

6章の意味解析と記号表に関して，[Parr 09] ではデータ集合体の記号表なども含めて，比較的詳しく解説している．

1)　ANTLRという名前はANother Tool for Language Recognitionから来ているようであるが，筆者はantiLRというつもりでつけた名前かと思っていた．

8章では，コンパイラの基本として，仮想マシンの目的コードを生成し，それをインタプリタで実行する方式のコンパイラが比較的簡単に作れることを説明してきた．しかしその方式では目的コードの実行があまり速くない．より速く実行できるようにするためには機械語の目的コードを生成する必要がある．

コンパイラの入門書の中で機械語の目的コード生成を解説しているものは少ないが，［湯浅14］では，Intel系の機械語が扱われている．

さらにその目的コードをより速く実行できるものに変換することも必要になる．そのような変換は最適化と呼ばれる．それらのことを学ぶ本としては［中田09］，［Aho 07］などがある．

しかし，それらを実現するのは大変な知識と労力が必要になる．そこで，それらが比較的容易に実現できるようにするためのいろいろな機能を備えたシステムが開発されている．そのようなものとしてLLVM（Low Level Virtual Machine）［llvm］やCOINS（Compiler INfraStructure）がある．ここでは，筆者もその開発に参加したCOINS（［coins］，［中田08］）について簡単に説明する．

COINSには2種類の中間語，高水準中間語HIRと低水準中間語LIRがある．HIRは高級プログラム言語のレベルに近いものであり，LIRは機械語のレベルに近いものである．LIRはバーチャルマシン語とでもいうべきものである．COINSを使って新しい言語のコンパイラを開発するには，その言語からHIRに変換するモジュールだけを開発すれば良い．HIRレベルでの最適化，HIRからLIRへの変換，LIRレベルでの最適化，LIRから機械語への変換などをするモジュールはCOINSに備わっているから，そのなかから適当なものを選択するだけで，コンパイラができ上がる．

その例は，［coins］の「Coinsを用いて新たなコンパイラを作る」というページや，［中田08］にある．前者の「LLパーサを使った例」はCoinsを使ったPL/0′コンパイラである．

COINSを使って，新しい最適化を試したり，新しいマシンの目的コードを生成できるようにすることもできる．後者の例も［中田08］にある．

付録. PL/0′コンパイラのリスト

PL/0′コンパイラのプログラムは以下の5つのプログラムファイル

・main.c

・compile.c

・getSource.c

・table.c

・codegen.c

と，後者の3つのファイルのヘッダファイル

・getSource.h

・table.h

・codegen.h

からなる．前者の5つの各プログラムファイルはそれぞれ一つのモジュールをなす．すなわち，それぞれ関連した処理をするプログラムをまとめたものであり，その中の先頭部分で宣言されたものは，その中の各プログラムだけで共通に使えるものである．ヘッダファイルには，それらのモジュールの機能で，ほかのファイルのプログラムから参照できるものが並べてある．各モジュールの機能は以下のようなものである．

・main.c：全体の主ルーチン

・compile.c：コンパイラ（構文解析とコード生成）の主ルーチン

・getSource.c：入出力関係の全部，すなわち，原始プログラムの読み込み，字句解析，コンパイル結果の出力，エラーメッセージ出力，など

・table.c：記号表の処理，ブロックのレベルの管理

・codegen.c：目的コード生成のサブルーチンと目的コード実行ルーチン

これらの内容の概略についてあらためて説明する必要はないと思われるが，tabel.cの「ブロックのレベルの管理」についてだけ説明する．

PL/0′のようなブロック構造をもった言語のコンパイラでは，ブロックのレベルはいろいろなモジュールで参照される重要な情報である．しかし，一つの情報をいろいろなモジュールで管理するのは好ましくないので，ブロックのレベルを一番重要な情報とするtable.cで管理することにした．新しいブロックに入った

り，ブロックの終わりに到達したことがわかるのは，コンパイラの主ルーチンであるので，コンパイラからそのことをtable.cに連絡し，table.c以外でブロックのレベルが必要な場合はtable.cに聞くことにした．前者の手続きが*blockBegin*と*blockEnd*であり，後者の関数が*bLevel*である．なお，*blockEnd*が呼ばれるのは，PL/0′の文法の非終端記号blockに対応する処理*block*の最後であるが，*blockBegin*が呼ばれるのはその最初ではなく，関数宣言のパラメータを読む直前である．そこが名前のレベルが変わる場所であるからである．主プログラムをコンパイルしているときは，パラメータがないので，*block*を呼ぶ直前に*blockBegin*を呼んでいる．

このコンパイラでは，最初に原始プログラムの入っているファイル名を聞き，コンパイルの処理にはいるときと，目的コードの実行にはいるときに，その旨のメッセージを出している．8章のプログラム8.6をこのコンパイラに与えると次のようなメッセージが得られる．

```
enter source file name
prog1
start compilation
start execution
7 85 595
```

ここで，prog1は原始プログラムのファイル名として与えたものである．最後の数値は3つのwrite文の実行結果として出力されたものである．

[プログラムA.1]　main.c

```
      /********* main.c *********/

#include <stdio.h>
#include "getSource.h"

main()
{
   char fileName[30];          /* ソースプログラムファイルの名前 */
   printf("enter source file name\n");
   scanf("%s", fileName);
```

```
    if (!openSource(fileName))
                                    /* ソースプログラムファイルの open */
        return;                     /* open に失敗すれば終わり */
    if (compile())                  /* コンパイルして */
        execute();                  /* エラーがなければ実行 */
    closeSource();                  /* ソースプログラムファイルの close */
}
```

[プログラム A.2]　compile.c

```
    /*************** compile.c ***************/

#include "getSource.h"
#ifndef TBL
#define TBL
#include "table.h"
#endif
#include "codegen.h"

#define MINERROR 3                  /* エラーがこれ以下なら実行 */
#define FIRSTADDR 2                 /* 各ブロックの最初の変数のアドレス */

static Token token;                 /* 次のトークンを入れておく */

static void block(int pIndex);          /* ブロックのコンパイル */
                        /* pIndex はこのブロックの関数名のインデックス */
static void constDecl();                /* 定数宣言のコンパイル */
static void varDecl();                  /* 変数宣言のコンパイル */
static void funcDecl();                 /* 関数宣言のコンパイル */
static void statement();                /* 文のコンパイル */
static void expression();               /* 式のコンパイル */
static void term();                     /* 式の項のコンパイル */
static void factor();                   /* 式の因子のコンパイル */
static void condition();                /* 条件式のコンパイル */
static int isStBeginKey(Token t);
                                    /* トークン t は文の先頭のキーか？ */

int compile()
{
```

```
    int i;
    printf("start compilation\n");
    initSource();                        /* getSource の初期設定 */
    token = nextToken();                 /* 最初のトークン */
    blockBegin(FIRSTADDR);
                                /* これ以後の宣言は新しいブロックのもの */
    block(0);                   /* 0 はダミー(主ブロックの関数名はない) */
    finalSource();
    i = errorN();                        /* エラーメッセージの個数 */
    if (i!=0)
        printf("%d errors\n", i);
/*  listCode(); */                       /* 目的コードのリスト(必要なら) */
    return i<MINERROR;
                        /* エラーメッセージの個数が少ないかどうかの判定 */
}

void block(int pIndex)
                        /* pIndex はこのブロックの関数名のインデックス */
{
    int backP;
    backP = genCodeV(jmp, 0);
                            /* 内部関数を飛び越す命令，後でバックパッチ */
    while (1) {             /* 宣言部のコンパイルを繰り返す */
        switch (token.kind){
        case Const:                      /* 定数宣言部のコンパイル */
            token = nextToken();
            constDecl(); continue;
        case Var:                        /* 変数宣言部のコンパイル */
            token = nextToken();
            funcDecl(); continue;
        case Func:                       /* 関数宣言部のコンパイル */
            token = nextToken();
            funcDecl(); continue;
        default:                         /* それ以外なら宣言部は終わり */
            break;
        }
        break;
    }
    backPatch(backP);                  /* 内部関数を飛び越す命令にパッチ */
```

```
    changeV(pIndex, nextCode());       /* この関数の開始番地を修正 */
    genCodeV(ict, frameL());
                         /* このブロックの実行時の必要記憶域をとる命令 */
    statement();                       /* このブロックの主文 */
    genCodeR();                        /* リターン命令 */
    blockEnd();              /* ブロックが終ったことを table に連絡 */
}

void constDecl()                       /* 定数宣言のコンパイル */
{
    Token temp;
    while(1){
        if (token.kind==Id){
            setIdKind(constId);        /* 印字のための情報のセット */
            temp = token;              /* 名前を入れておく */
            token = checkGet(nextToken(), Equal);
                                       /* 名前の次は "=" のはず */
            if (token.kind==Num)
                enterTconst(temp.u.id, token.u.value);
                                       /* 定数名と値をテーブルに */
            else
                errorType("number");
            token = nextToken();
        }else
            errorMissingId();
        if (token.kind!=Comma){     /* 次がコンマなら定数宣言が続く */
            if (token.kind==Id){
                             /* 次が名前ならコンマを忘れたことにする */
                errorInsert(Comma);
                continue;
            }else
                break;
        }
        token = nextToken();
    }
    token = checkGet(token, Semicolon);    /* 最後は ";" のはず */
}
```

```
void varDecl()                              /* 変数宣言のコンパイル */
{
    while(1){
        if (token.kind==Id){
            setIdKind(varId);               /* 印字のための情報のセット */
            enterTvar(token.u.id);
                        /* 変数名をテーブルに，番地は table が決める */
            token = nextToken();
        }else
            errorMissingId();
        if (token.kind!=Comma){      /* 次がコンマなら変数宣言が続く */
            if (token.kind==Id){
                          /* 次が名前ならコンマを忘れたことにする */
                errorInsert(Comma);
                continue;
            }else
                break;
        }
        token = nextToken();
    }
    token = checkGet(token, Semicolon);     /* 最後は ";" のはず */
}

void funcDecl()                             /* 関数宣言のコンパイル */
{
    int fIndex;
    if (token.kind==Id){
        setIdKind(funcId);                  /* 印字のための情報のセット */
        fIndex = enterTfunc(token.u.id, nextCode());
                                        /* 関数名をテーブルに登録 */
            /* その先頭番地は，まず，次のコードの番地 nextCode() とする */
        token = checkGet(nextToken(), Lparen);
        blockBegin(FIRSTADDR);
                        /* パラメタ名のレベルは関数のブロックと同じ */
        while(1){
            if (token.kind==Id){        /* パラメタ名がある場合 */
                setIdKind(parId);       /* 印字のための情報のセット */
                enterTpar(token.u.id);
                                    /* パラメタ名をテーブルに登録 */
```

```
            token = nextToken();
        }else
            break;
        if (token.kind!=Comma){
                                /* 次がコンマならパラメタ名が続く */
            if (token.kind==Id){
                                /* 次が名前ならコンマを忘れたことに */
                errorInsert(Comma);
                continue;
            }else
                break;
        }
        token = nextToken();
    }
    token = checkGet(token, Rparen);    /* 最後は")"のはず */
    endpar();           /* パラメタ部が終わったことをテーブルに連絡 */
    if (token.kind==Semicolon){
        errorDelete();
        token = nextToken();
    }
    block(fIndex);
            /* ブロックのコンパイル，その関数名のインデックスを渡す */
    token = checkGet(token, Semicolon);
                                        /* 最後は";"のはず */
  } else
    errorMissingId();                   /* 関数名がない */
}

void statement()                        /* 文のコンパイル */
{
  int tIndex;
  KindT k;
  int backP, backP2;                    /* バックパッチ用 */

  while(1) {
    switch (token.kind) {
    case Id:                        /* 代入文のコンパイル */
      tIndex = searchT(token.u.id, varId);
                                    /* 左辺の変数のインデックス */
```

```
        setIdKind(k=kindT(tIndex));
                                        /* 印字のための情報のセット */
        if (k != varId && k != parId)
                                        /* 変数名かパラメタ名のはず */
            errorType("var/par");
        token = checkGet(nextToken(), Assign);
                                            /* ":=" のはず */
        expression();                       /* 式のコンパイル */
        genCodeT(sto, tIndex);              /* 左辺への代入命令 */
        return;
    case If:                                /* if 文のコンパイル */
        token = nextToken();
        condition();                        /* 条件式のコンパイル */
        token = checkGet(token, Then);      /* "then" のはず */
        backP = genCodeV(jpc, 0);           /* jpc 命令 */
        statement();                        /* 文のコンパイル */
        backPatch(backP);         /* 上の jpc 命令にバックパッチ */
        return;
    case Ret:                         /* return 文のコンパイル */
        token = nextToken();
        expression();                       /* 式のコンパイル */
        genCodeR();                         /* ret 命令 */
        return;
    case Begin:               /* begin . . end 文のコンパイル */
        token = nextToken();
        while(1){
            statement();                    /* 文のコンパイル */
            while(1){
                if (token.kind==Semicolon){
                                        /* 次が ";" なら文が続く */
                    token = nextToken();
                    break;
                }
                if (token.kind==End){       /* 次が end なら終り */
                    token = nextToken();
                    return;
                }
                if (isStBeginKey(token)){
                                        /* 次が文の先頭記号なら */
```

```
                errorInsert(Semicolon);
                                           /* ";" を忘れたことにする */
                break;
            }
            errorDelete();
                                 /* それ以外ならエラーとして読み捨てる */
            token = nextToken();
        }
    }
case While:                               /* while 文のコンパイル */
    token = nextToken();
    backP2 = nextCode();
                            /* while 文の最後の jmp 命令の飛び先 */
    condition();                          /* 条件式のコンパイル */
    token = checkGet(token, Do);      /* "do" のはず */
    backP = genCodeV(jpc, 0);
                            /* 条件式が偽のとき飛び出す jpc 命令 */
    statement();                          /* 文のコンパイル */
    genCodeV(jmp, backP2);
                              /* while 文の先頭へのジャンプ命令 */
    backPatch(backP);
                     /* 偽のとき飛び出す jpc 命令へのバックパッチ */
    return;
case Write:                             /* write 文のコンパイル */
    token = nextToken();
    expression();                       /* 式のコンパイル */
    genCodeO(wrt);                      /* その値を出力する wrt 命令 */
    return;
case WriteLn:                           /* writeln 文のコンパイル */
    token = nextToken();
    genCodeO(wrl);                      /* 改行を出力する wrl 命令 */
    return;
case End: case Semicolon: case Period:
                       /* Follow statement のトークンの場合: */
                       /* 空文を読んだことにして終り */
    return;
default:                              /* 文の先頭のキーまで読み捨てる */
    errorDelete();                    /* 今読んだトークンを読み捨てる */
    token = nextToken();
```

```
            continue;
        }
    }
}

int isStBeginKey(Token t)         /* トークンtは文の先頭のキーか？ */
{
    switch (t.kind){
    case If: case Begin: case Ret:
    case While: case Write: case WriteLn:
        return 1;
    default:
        return 0;
    }
}

void expression()                  /* 式のコンパイル */
{
    KeyId k;
    k = token.kind;
    if (k==Plus || k==Minus){
        token = nextToken();
        term();
        if (k==Minus)
            genCodeO(neg);
    }else
        term();
    k = token.kind;
    while (k==Plus || k==Minus){
        token = nextToken();
        term();
        if (k==Minus)
            genCodeO(sub);
        else
            genCodeO(add);
        k = token.kind;
    }
}
```

```
void term()                                     /* 式の項のコンパイル */
{
    KeyId k;
    factor();
    k = token.kind;
    while (k==Mult || k==Div){
        token = nextToken();
        factor();
        if (k==Mult)
            genCodeO(mul);
        else
            genCodeO(div);
        k = token.kind;
    }
}

void factor()                                   /* 式の因子のコンパイル */
{
    int tIndex, i;
    KeyId k;
    if (token.kind==Id){
        tIndex = searchT(token.u.id, varId);
        setIdKind(k=kindT(tIndex));     /* 印字のための情報のセット */
        switch (k) {
        case varId: case parId:             /* 変数名かパラメタ名 */
            genCodeT(lod, tIndex);
            token = nextToken(); break;
        case constId:                               /* 定数名 */
            genCodeV(lit, val(tIndex));
            token = nextToken(); break;
        case funcId:                                /* 関数呼び出し */
            token = nextToken();
            if (token.kind==Lparen){
                i=0;                                /* i は実引数の個数 */
                token = nextToken();
                if (token.kind != Rparen) {
                    for (; ; ) {
                        expression(); i++;      /* 実引数のコンパイル */
                        if (token.kind==Comma){
```

```
                                    /* 次がコンマなら実引数が続く */
                        token = nextToken();
                        continue;
                    }
                    token = checkGet(token, Rparen);
                    break;
                }
            } else
                token = nextToken();
            if (pars(tIndex) != i)
                errorMessage("unmatched par");
                                    /* pars(tIndex) は仮引数の個数 */
        }else{
            errorInsert(Lparen);
            errorInsert(Rparen);
        }
        genCodeT(cal, tIndex);                    /* call 命令 */
        break;
    }
  }else if (token.kind==Num){                   /* 定数 */
    genCodeV(lit, token.u.value);
    token = nextToken();
  }else if (token.kind==Lparen){             /* 「(」「因子」「)」 */
    token = nextToken();
    expression();
    token = checkGet(token, Rparen);
  }
  switch (token.kind){          /* 因子の後がまた因子ならエラー */
  case Id: case Num: case Lparen:
    errorMissingOp();
    factor();
  default:
    return;
  }
}

void condition()                          /* 条件式のコンパイル */
{
  KeyId k;
```

```
    if (token.kind==Odd){
        token = nextToken();
        expression();
        genCodeO(odd);
    }else{
        expression();
        k = token.kind;
        switch(k){
        case Equal: case Lss: case Gtr:
        case NotEq: case LssEq: case GtrEq:
            break;
        default:
            errorType("rel-op");
            break;
        }

        token = nextToken();
        expression();
        switch(k){
        case Equal:    genCodeO(eq); break;
        case Lss:      genCodeO(ls); break;
        case Gtr:      genCodeO(gr); break;
        case NotEq:    genCodeO(neq); break;
        case LssEq:    genCodeO(lseq); break;
        case GtrEq:    genCodeO(greq); break;
        }
    }
}
```

［プログラム A.3］　getSource.h

```
    /*************** getSource.h ***************/

#include <stdio.h>
#ifndef TBL
#define TBL
#include "table.h"
#endif
```

```
#define MAXNAME 31                      /* 名前の最大長さ */

typedef enum keys {                     /* キーや文字の種類(名前) */
    Begin, End,                         /* 予約語の名前 */
    If, Then,
    While, Do,
    Ret, Func,
    Var, Const, Odd,
    Write, WriteLn,
    end_of_KeyWd,                       /* 予約語の名前はここまで */
    Plus, Minus,                        /* 演算子と区切り記号の名前 */
    Mult, Div,
    Lparen, Rparen,
    Equal, Lss, Gtr,
    NotEq, LssEq, GtrEq,
    Comma, Period, Semicolon,
    Assign,
    end_of_KeySym,              /* 演算子と区切り記号の名前はここまで */
    Id, Num, nul,                       /* トークンの種類 */
    end_of_Token,
    letter, digit, colon, others        /* 上記以外の文字の種類 */
} KeyId;

typedef struct token {                  /* トークンの型 */
    KeyId kind;                         /* トークンの種類かキーの名前 */
    union {
        char id[MAXNAME];               /* Identfier の時，その名前 */
        int value;                      /* Num の時，その値 */
    } u;
} Token;

Token nextToken();                      /* 次のトークンを読んで返す */
Token checkGet(Token t, KeyId k);       /* t.kind==k のチェック */
    /* t.kind==k なら，次のトークンを読んで返す */
    /* t.kind!=k ならエラーメッセージを出し，t と k が共に記号， */
    /* または予約語なら */
    /* t を捨て，次のトークンを読んで返す(t を k で置き換えたことになる) */
    /* それ以外の場合，k を挿入したことにして，t を返す */
int openSource(char fileName[]);        /* ソースファイルの open */
```

```
void closeSource();                    /* ソースファイルの close */
void initSource();    /* テーブルの初期設定, tex ファイルの初期設定 */
void finalSource();
                  /* ソースの最後のチェック, tex ファイルの最終設定 */
void errorType(char *m);          /* 型エラーを .tex ファイルに出力 */
void errorInsert(KeyId k);
                 /* keyString(k) を .tex ファイルに挿入 */
void errorMissingId();
                 /* 名前がないとのメッセージを .tex ファイルに挿入 */
void errorMissingOp();
                 /* 演算子がないとのメッセージを .tex ファイルに挿入 */
void errorDelete();
                 /* 今読んだトークンを読み捨て(.tex ファイルに出力)*/
void errorMessage(char *m);
                 /* エラーメッセージを .tex ファイルに出力 */
void errorF(char *m);
                 /* エラーメッセージを出力し, コンパイル終了 */
int errorN();    /* エラーの個数を返す */

void setIdKind(KindT k);
             /* 現トークン (Id) の種類をセット(.tex ファイル出力のため)*/
```

[プログラム A.4]　getSource.c

```
     /************ getSource.c ************/

#include <stdio.h>
#include <string.h>
#include "getSource.h"

#define MAXLINE 120              /* 1行の最大文字数 */
#define MAXERROR 30              /* これ以上のエラーがあったら終り */
#define MAXNUM  14               /* 定数の最大桁数 */
#define TAB   5                  /* タブのスペース */

static FILE *fpi;                /* ソースファイル */
static FILE *fptex;              /* LaTeX 出力ファイル */
static char line[MAXLINE];       /* 1行分の入力バッファー */
```

```
static int lineIndex;                   /* 次に読む文字の位置 */
static char ch;                         /* 最後に読んだ文字 */

static Token cToken;                    /* 最後に読んだトークン */
static KindT idKind;                    /* 現トークン (Id) の種類 */
static int spaces;                  /* そのトークンの前のスペースの個数 */
static int CR;                      /* その前の CR の個数 */
static int printed;                     /* トークンは印字済みか */

static int errorNo = 0;                 /* 出力したエラーの数 */
static char nextChar();                /* 次の文字を読む関数 */
static int isKeySym(KeyId k);          /* t は記号か? */
static int isKeyWd(KeyId k);           /* t は予約語か? */
static void printSpaces();             /* トークンの前のスペースの印字 */
static void printcToken();             /* トークンの印字 */

struct keyWd {                         /* 予約語や記号と名前 (KeyId) */
   char *word;
   KeyId keyId;
};

static struct keyWd KeyWdT[] = {
                                   /* 予約語や記号と名前 (KeyId) の表 */
    {"begin", Begin},
    {"end", End},
    {"if", If},
    {"then", Then},
    {"while", While},
    {"do", Do},
    {"return", Ret},
    {"function", Func},
    {"var", Var},
    {"const", Const},
    {"odd", Odd},
    {"write", Write},
    {"writeln",WriteLn},
    {"$dummy1",end_of_KeyWd},          /* 記号と名前 (KeyId) の表 */
    {"+", Plus},
    {"-", Minus},
```

```
    {"*", Mult},
    {"/", Div},
    {"(", Lparen},
    {")", Rparen},
    {"=", Equal},
    {"<", Lss},
    {">", Gtr},
    {"<>", NotEq},
    {"<=", LssEq},
    {">=", GtrEq},
    {",", Comma},
    {".", Period},
    {";", Semicolon},
    {":=", Assign},
    {"$dummy2",end_of_KeySym}
};

int isKeyWd(KeyId k)                        /* キーkは予約語か？ */
{
    return (k < end_of_KeyWd);
}

int isKeySym(KeyId k)                       /* キーkは記号か？ */
{
    if (k < end_of_KeyWd)
        return 0;
    return (k < end_of_KeySym);
}

static KeyId charClassT[256];    /* 文字の種類を示す表にする */

static void initCharClassT()      /* 文字の種類を示す表を作る関数 */
{
    int i;
    for (i=0; i<256; i++)
        charClassT[i] = others;
    for (i='0'; i<='9'; i++)
        charClassT[i] = digit;
    for (i='A'; i<='Z'; i++)
```

```
		charClassT[i] = letter;
	for (i='a'; i<='z'; i++)
		charClassT[i] = letter;
	charClassT['+'] = Plus;   charClassT['-'] = Minus;
	charClassT['*'] = Mult;   charClassT['/'] = Div;
	charClassT['('] = Lparen; charClassT[')'] = Rparen;
	charClassT['='] = Equal;  charClassT['<'] = Lss;
	charClassT['>'] = Gtr;    charClassT[','] = Comma;
	charClassT['.'] = Period; charClassT[';'] = Semicolon;
	charClassT[':'] = colon;
}

int openSource(char fileName[])         /* ソースファイルの open */
{
	char fileNameO[30];
	if ( (fpi = fopen(fileName,"r")) == NULL ) {
		printf("can't open %s\n", fileName);
		return 0;
	}
	strcpy(fileNameO, fileName);
	strcat(fileNameO,".tex");
	if ( (fptex = fopen(fileNameO,"w")) == NULL ) {
	                                      /* .tex ファイルを作る */
		printf("can't open %s\n", fileNameO);
		return 0;
	}
	return 1;
}

void closeSource()         /* ソースファイルと .tex ファイルを close */
{
	fclose(fpi);
	fclose(fptex);
}

void initSource()
{
	lineIndex = -1;                             /* 初期設定 */
	ch = '\n';
```

```
    printed = 1;
    initCharClassT();
    fprintf(fptex,"\\documentstyle[12pt]{article}\n");
                                                /* LaTeX コマンド */
    fprintf(fptex,"\\begin{document}\n");
    fprintf(fptex,"\\fboxsep=0pt\n");
    fprintf(fptex,"\\def\\insert#1{$\\fbox{#1}$}\n");
    fprintf(fptex,"\\def\\delete#1{$\\fboxrule=.5mm\\fbox{#1}$}\
n");
    fprintf(fptex,"\\rm\n");
}

void finalSource()
{
    if (cToken.kind==Period)
        printcToken();
    else
        errorInsert(Period);
    fprintf(fptex,"\n\\end{document}\n");
}

/* 通常のエラーメッセージの出力の仕方(参考まで) */
/*
void error(char *m)
{
    if (lineIndex > 0)
        printf("%*s\n", lineIndex, "***^");
    else
        printf("^\n");
    printf("*** error *** %s\n", m);
    errorNo++;
    if (errorNo > MAXERROR){
        printf("too many errors\n");
        printf("abort compilation\n");
        exit (1);
    }
}
*/
```

```
void errorNoCheck()     /* エラーの個数のカウント，多すぎたら終わり */
{
    if (errorNo++ > MAXERROR){
        fprintf(fptex, "too many errors\n\\end{document}\n");
        printf("abort compilation\n");
        exit (1);
    }
}

void errorType(char *m)          /* 型エラーを .tex ファイルに出力 */
{
    printSpaces();
    fprintf(fptex, "\\(\\stackrel{\\mbox{\\scriptsize %s}}{\\
mbox{", m);
    printcToken();
    fprintf(fptex, "}}\\)");
    errorNoCheck();
}

void errorInsert(KeyId k)
                         /* keyString(k) を .tex ファイルに挿入 */
{
    if (k < end_of_KeyWd)                    /* 予約語 */
        fprintf(fptex, "\\ \\insert{{\\bf %s}}", KeyWdT[k].
word);
    else                                     /* 演算子か区切り記号 */
        fprintf(fptex, "\\ \\insert{$%s$}", KeyWdT[k].word);
    errorNoCheck();
}

void errorMissingId()
                 /* 名前がないとのメッセージを .tex ファイルに挿入 */
{
    fprintf(fptex, "\\insert{Id}");
    errorNoCheck();
}

void errorMissingOp()
               /* 演算子がないとのメッセージを .tex ファイルに挿入 */
```

```
{
    fprintf(fptex, "\\insert{$\\otimes$}");
    errorNoCheck();
}

void errorDelete()                  /* 今読んだトークンを読み捨てる */
{
    int i=(int)cToken.kind;
    printSpaces();
    printed = 1;
    if (i < end_of_KeyWd)                    /* 予約語 */
        fprintf(fptex, "\\delete{{\\bf %s}}", KeyWdT[i].word);
    else if (i < end_of_KeySym)              /* 演算子か区切り記号 */
        fprintf(fptex, "\\delete{$%s$}", KeyWdT[i].word);
    else if (i==(int)Id)                     /* Identfier */
        fprintf(fptex, "\\delete{%s}", cToken.u.id);
    else if (i==(int)Num)                    /* Num */
        fprintf(fptex, "\\delete{%d}", cToken.u.value);
}

void errorMessage(char *m)
                          /* エラーメッセージを .tex ファイルに出力 */
{
    fprintf(fptex, "$^{%s}$", m);
    errorNoCheck();
}

void errorF(char *m)    /* エラーメッセージを出力し，コンパイル終了 */
{
    errorMessage(m);
    fprintf(fptex, "fatal errors\n\\end{document}\n");
    if (errorNo)
        printf("total %d errors\n", errorNo);
    printf("abort compilation\n");
    exit (1);
}

int errorN()                                /* エラーの個数を返す */
```

```
{
    return errorNo;
}

char nextChar()                          /* 次の1文字を返す関数 */
{
    char ch;
    if (lineIndex == -1){
        if (fgets(line, MAXLINE, fpi) != NULL){
/*          puts(line); */
                        /* 通常のエラーメッセージの出力の場合(参考まで) */
            lineIndex = 0;
        } else {
            errorF("end of file\n");
                            /* end of file ならコンパイル終了 */
        }
    }
    if ((ch = line[lineIndex++]) == '\n'){
                                            /* ch に次の1文字 */
        lineIndex = -1;         /* それが改行文字なら次の行の入力準備 */
        return '\n';            /* 文字としては改行文字を返す */
    }
    return ch;
}

Token nextToken()                    /* 次のトークンを読んで返す関数 */
{
    int i = 0;
    int num;
    KeyId cc;
    Token temp;
    char ident[MAXNAME];
    printcToken();                             /* 前のトークンを印字 */
    spaces = 0; CR = 0;
    while (1){              /* 次のトークンまでの空白や改行をカウント */
        if (ch == ' ')
            spaces++;
        else if (ch == '\t')
            spaces+=TAB;                     /* 行の先頭のタブ以外は不正確 */
```

```
        else if (ch == '\n'){
            spaces = 0;  CR++;
        }
        else break;
        ch = nextChar();
    }
    switch (cc = charClassT[ch]) {
    case letter:                                    /* identifier */
        do {
            if (i < MAXNAME)
                ident[i] = ch;
            i++; ch = nextChar();
        } while (  charClassT[ch] == letter
                || charClassT[ch] == digit );
        if (i >= MAXNAME){
            errorMessage("too long");
            i = MAXNAME - 1;
        }
        ident[i] = '\0';
        for (i=0; i<end_of_KeyWd; i++)
            if (strcmp(ident, KeyWdT[i].word) == 0) {
                temp.kind = KeyWdT[i].keyId;      /* 予約語の場合 */
                cToken = temp; printed = 0;
                return temp;
            }
        temp.kind = Id;                 /* ユーザの宣言した名前の場合 */
        strcpy(temp.u.id, ident);
        break;
    case digit:                                     /* number */
        num = 0;
        do {
            num = 10*num+(ch-'0');
            i++; ch = nextChar();
        } while (charClassT[ch] == digit);
        if (i>MAXNUM)
            errorMessage("too large");
        temp.kind = Num;
        temp.u.value = num;
        break;
```

```
    case colon:
        if ((ch = nextChar()) == '=') {
            ch = nextChar();
            temp.kind = Assign;                          /* ":=" */
            break;
        } else {
            temp.kind = nul;
            break;
        }
    case Lss:
        if ((ch = nextChar()) == '=') {
            ch = nextChar();
            temp.kind = LssEq;                           /* "<=" */
            break;
        } else if (ch == '>') {
            ch = nextChar();
            temp.kind = NotEq;                           /* "<>" */
            break;
        } else {
            temp.kind = Lss;
            break;
        }
    case Gtr:
        if ((ch = nextChar()) == '=') {
            ch = nextChar();
            temp.kind = GtrEq;                           /* ">=" */
            break;
        } else {
            temp.kind = Gtr;
            break;
        }
    default:
        temp.kind = cc;
        ch = nextChar(); break;
    }
    cToken = temp; printed = 0;
    return temp;
}
```

```
Token checkGet(Token t, KeyId k)      /* t.kind == k のチェック */
    /* t.kind == k なら，次のトークンを読んで返す */
    /* t.kind != k ならエラーメッセージを出し，t と k が共に記号， */
    /* または予約語なら */
    /* t を捨て，次のトークンを読んで返す(t を k で置き換えたことになる) */
    /* それ以外の場合，k を挿入したことにして，t を返す */
{
   if (t.kind==k)
         return nextToken();
   if ((isKeyWd(k) && isKeyWd(t.kind)) ||
       (isKeySym(k) && isKeySym(t.kind))){
         errorDelete();
         errorInsert(k);
         return nextToken();
   }
   errorInsert(k);
   return t;
}

static void printSpaces()                   /* 空白や改行の印字 */
{
   while (CR-- > 0)
      fprintf(fptex, "\\ \\par\n");
   while (spaces-- > 0)
       fprintf(fptex, "\\ ");
   CR = 0; spaces = 0;
}

void printcToken()                        /* 現在のトークンの印字 */
{
   int i=(int)cToken.kind;
   if (printed){
      printed = 0; return;
   }
   printed = 1;
   printSpaces();                   /* トークンの前の空白や改行印字 */
   if (i < end_of_KeyWd)           /* 予約語 */
      fprintf(fptex, "{\\bf %s}", KeyWdT[i].word);
      fprintf(fptex, "{\\bf %s}", KeyWdT[i].word);
```

```
    else if (i < end_of_KeySym)          /* 演算子か区切り記号 */
        fprintf(fptex, "$%s$", KeyWdT[i].word);
    else if (i==(int)Id){               /* Identfier */
        switch (idKind) {
        case varId:
            fprintf(fptex, "%s", cToken.u.id); return;
        case parId:
            fprintf(fptex, "{\\sl %s}", cToken.u.id); return;
        case funcId:
            fprintf(fptex, "{\\it %s}", cToken.u.id); return;
        case constId:
            fprintf(fptex, "{\\sf %s}", cToken.u.id); return;
        }
    }else if (i==(int)Num)               /* Num */
    fprintf(fptex, "%d", cToken.u.value);
}

void setIdKind (KindT k)        /* 現トークン(Id)の種類をセット */
{
    idKind = k;
}
```

［プログラム A.5］ table.h

```
    /********* table.h *********/

typedef enum kindT {            /* Identifier の種類 */
    varId, funcId, parId, constId
}KindT;
typedef struct relAddr{      /* 変数，パラメタ，関数のアドレスの型 */
    int level;
    int addr;
}RelAddr;

void blockBegin(int firstAddr);
                        /* ブロックの始まり(最初の変数の番地)で呼ばれる */
void blockEnd();                /* ブロックの終りで呼ばれる */
```

```
int bLevel();                        /* 現ブロックのレベルを返す */
int fPars();                    /* 現ブロックの関数のパラメタ数を返す */
int enterTfunc(char *id, int v);
                                     /* 名前表に関数名と先頭番地を登録 */
int enterTvar(char *id);             /* 名前表に変数名を登録 */
int enterTpar(char *id);             /* 名前表にパラメタ名を登録 */
int enterTconst(char *id, int v);
                                     /* 名前表に定数名とその値を登録 */
void endpar();                       /* パラメタ宣言部の最後で呼ばれる */
void changeV(int ti, int newVal);
                          /* 名前表 [ti] の値(関数の先頭番地)の変更 */

int searchT(char *id, KindT k);
                                     /* 名前 id の名前表の位置を返す */
                                     /* 未宣言の時エラーとする */
KindT kindT(int i);                  /* 名前表 [i] の種類を返す */

RelAddr relAddr(int ti);             /* 名前表 [ti] のアドレスを返す */
int val(int ti);                     /* 名前表 [ti] の value を返す */
int pars(int ti);               /* 名前表 [ti] の関数のパラメタ数を返す */
int frameL();        /* そのブロックで実行時に必要とするメモリー容量 */
```

[プログラム A.6]　table.c

```
    /********* table.c *********/

#ifndef TBL
#define TBL
#include "table.h"
#endif
#include "getSource.h"

#define MAXTABLE 100                         /* 名前表の最大長さ */
#define MAXNAME   31                         /* 名前の最大長さ */
#define MAXLEVEL   5                         /* ブロックの最大深さ */

typedef struct tableE {                 /* 名前表のエントリーの型 */
   KindT kind;                          /* 名前の種類 */
```

```
    char name[MAXNAME];                  /* 名前のつづり */
    union {
        int value;                       /* 定数の場合：値 */
        struct {
            RelAddr raddr;               /* 関数の場合：先頭アドレス */
            int pars;                    /* 関数の場合：パラメタ数 */
        }f;
        RelAddr raddr;              /* 変数，パラメタの場合：アドレス */
    }u;
}TabelE;


static TabelE nameTable[MAXTABLE];        /* 名前表 */
static int tIndex = 0;                    /* 名前表のインデックス */
static int level = -1;                    /* 現在のブロックレベル */
static int index[MAXLEVEL];
               /* index[i] にはブロックレベル i の最後のインデックス */
static int addr[MAXLEVEL];
                 /* addr[i] にはブロックレベル i の最後の変数の番地 */
static int localAddr;            /* 現在のブロックの最後の変数の番地 */
static int tfIndex;

static char* kindName(KindT k)           /* 名前の種類の出力用関数 */
{
    switch (k){
    case varId: return "var";
    case parId: return "par";
    case funcId: return "func";
    case constId: return "const";
    }
}

void blockBegin(int firstAddr)
                 /* ブロックの始まり（最初の変数の番地）で呼ばれる */
{
    if (level == -1){                /* 主ブロックの時，初期設定 */
        localAddr = firstAddr;
        tIndex = 0;
        level++;
```

```
        return;
    }
    if (level == MAXLEVEL-1)
        errorF("too many nested blocks");
    index[level] = tIndex;          /* 今までのブロックの情報を格納 */
    addr[level] = localAddr;
    localAddr = firstAddr;      /* 新しいブロックの最初の変数の番地 */
    level++;                        /* 新しいブロックのレベル */
    return;
}

void blockEnd()                     /* ブロックの終りで呼ばれる */
{
    level--;
    tIndex = index[level];         /* 一つ外側のブロックの情報を回復 */
    localAddr = addr[level];
}

int bLevel()                        /* 現ブロックのレベルを返す */
{
    return level;
}

int fPars()                   /* 現ブロックの関数のパラメタ数を返す */
{
    return nameTable[index[level-1]].u.f.pars;
}

void enterT(char *id)               /* 名前表に名前を登録 */
{
    if (++tIndex < MAXTABLE){
        strcpy(nameTable[tIndex].name, id);
    } else
        errorF("too many names");
}

int enterTfunc(char *id, int v)
                                   /* 名前表に関数名と先頭番地を登録 */
{
```

```
    enterT(id);
    nameTable[tIndex].kind = funcId;
    nameTable[tIndex].u.f.raddr.level = level;
    nameTable[tIndex].u.f.raddr.addr = v;    /* 関数の先頭番地 */
    nameTable[tIndex].u.f.pars = 0;        /* パラメタ数の初期値 */
    tfIndex = tIndex;
    return tIndex;
}

int enterTpar(char *id)                /* 名前表にパラメタ名を登録 */
{
    enterT(id);
    nameTable[tIndex].kind = parId;
    nameTable[tIndex].u.raddr.level = level;
    nameTable[tfIndex].u.f.pars++;
                                       /* 関数のパラメタ数のカウント */
    return tIndex;
}

int enterTvar(char *id)                /* 名前表に変数名を登録 */
{
    enterT(id);
    nameTable[tIndex].kind = varId;
    nameTable[tIndex].u.raddr.level = level;
    nameTable[tIndex].u.raddr.addr = localAddr++;
    return tIndex;
}

int enterTconst(char *id, int v)
                                  /* 名前表に定数名とその値を登録 */
{
    enterT(id);
    nameTable[tIndex].kind = constId;
    nameTable[tIndex].u.value = v;
    return tIndex;
}

void endpar()                       /* パラメタ宣言部の最後で呼ばれる */
{
```

```
    int i;
    int pars = nameTable[tfIndex].u.f.pars;
    if (pars == 0)  return;
    for (i=1; i<=pars; i++)          /* 各パラメタの番地を求める */
        nameTable[tfIndex+i].u.raddr.addr = i-1-pars;
}

void changeV(int ti, int newVal)
                               /* 名前表[ti]の値(関数の先頭番地)の変更 */
{
    nameTable[ti].u.f.raddr.addr = newVal;
}

int searchT(char *id, KindT k)     /* 名前idの名前表の位置を返す */
                                   /* 未宣言の時エラーとする */
{
    int i;
    i = tIndex;
    strcpy(nameTable[0].name, id);          /* 番兵をたてる */
    while( strcmp(id, nameTable[i].name) )
        i--;
    if ( i )                                /* 名前があった */
        return i;
    else {                                  /* 名前がなかった */
        errorType("undef");
        if (k==varId) return enterTvar(id); /* 変数の時は仮登録 */
        return 0;
    }
}

KindT kindT(int i)                  /* 名前表[i]の種類を返す */
{
    return nameTable[i].kind;
}

RelAddr relAddr(int ti)             /* 名前表[ti]のアドレスを返す */
{
    return nameTable[ti].u.raddr;
}
```

```
int val(int ti)                          /* 名前表[ti]のvalueを返す */
{
   return nameTable[ti].u.value;
}

int pars(int ti)                /* 名前表[ti]の関数のパラメタ数を返す */
{
   return nameTable[ti].u.f.pars;
}

int frameL()              /* そのブロックで実行時に必要とするメモリー容量 */
{
   return localAddr;
}
```

[プログラム A.7]　codegen.h

```
     /************ codegen.h ************/

typedef enum codes{                              /* 命令語のコード */
   lit, opr, lod, sto, cal, ret, ict, jmp, jpc
}OpCode;

typedef enum ops{                              /* 演算命令のコード */
   neg, add, sub, mul, div, odd, eq, ls, gr,
   neq, lseq, greq, wrt, wrl
}Operator;

int genCodeV(OpCode op, int v);
                              /* 命令語の生成，アドレス部にv */
int genCodeT(OpCode op, int ti);
                              /* 命令語の生成，アドレスは名前表から */
int genCodeO(Operator p);
                              /* 命令語の生成，アドレス部に演算命令 */
int genCodeR();                     /* ret命令語の生成 */
void backPatch(int i);             /* 命令語のバックパッチ(次の番地を) */

int nextCode();                     /* 次の命令語のアドレスを返す */
```

```
void listCode();                /* 目的コード(命令語)のリスティング */
void execute();                 /* 目的コード(命令語)の実行 */
```

［プログラム A.8］　codegen.c

```
    /************ codegen.c ************/

#include <stdio.h>
#include "codegen.h"
#ifndef TBL
#define TBL
#include "table.h"
#endif
#include "getSource.h"

#define MAXCODE 200              /* 目的コードの最大長さ */
#define MAXMEM  2000             /* 実行時スタックの最大長さ */
#define MAXREG  20               /* 演算レジスタスタックの最大長さ */
#define MAXLEVEL 5               /* ブロックの最大深さ */

typedef struct inst{                        /* 命令語の型 */
   OpCode  opCode;
   union{
      RelAddr addr;
      int value;
      Operator optr;
   }u;
}Inst;

static Inst code[MAXCODE];                  /* 目的コードが入る */
static int cIndex = -1;      /* 最後に生成した命令語のインデックス */
static void checkMax();
                         /* 目的コードのインデックスの増加とチェック */
static void printCode(int i);               /* 命令語の印字 */

int nextCode()                       /* 次の命令語のアドレスを返す */
{
   return cIndex+1;
```

```
}

int genCodeV(OpCode op, int v)    /* 命令語の生成，アドレス部に v */
{
    checkMax();
    code[cIndex].opCode = op;
    code[cIndex].u.value = v;
    return cIndex;
}

int genCodeT(OpCode op, int ti)
                                  /* 命令語の生成，アドレスは名前表から */
{
    checkMax();
    code[cIndex].opCode = op;
    code[cIndex].u.addr = relAddr(ti);
    return cIndex;
}

int genCodeO(Operator p)          /* 命令語の生成，アドレス部に演算命令 */
{
    checkMax();
    code[cIndex].opCode = opr;
    code[cIndex].u.optr = p;
    return cIndex;
}

int genCodeR()                    /* ret 命令語の生成 */
{
    if (code[cIndex].opCode == ret)
        return cIndex;            /* 直前が ret なら生成せず */
    checkMax();
    code[cIndex].opCode = ret;
    code[cIndex].u.addr.level = bLevel();
    code[cIndex].u.addr.addr = fPars();
                                  /* パラメタ数(実行スタックの解放用)*/
    return cIndex;
}
```

```
void checkMax()          /* 目的コードのインデックスの増加とチェック */
{
   if (++cIndex < MAXCODE)
      return;
   errorF("too many code");
}

void backPatch(int i)          /* 命令語のバックパッチ(次の番地を) */
{
   code[i].u.value = cIndex+1;
}

void listCode()                /* 命令語のリスティング */
{
   int i;
   printf("\ncode\n");
   for(i=0; i<=cIndex; i++){
      printf("%3d: ", i);
      printCode(i);
   }
}

void printCode(int i)              /* 命令語の印字 */
{
   int flag;
   switch(code[i].opCode){
   case lit: printf("lit"); flag=1; break;
   case opr: printf("opr"); flag=3; break;
   case lod: printf("lod"); flag=2; break;
   case sto: printf("sto"); flag=2; break;
   case cal: printf("cal"); flag=2; break;
   case ret: printf("ret"); flag=2; break;
   case ict: printf("ict"); flag=1; break;
   case jmp: printf("jmp"); flag=1; break;
   case jpc: printf("jpc"); flag=1; break;
   }
   switch(flag){
   case 1:
      printf(",%d\n", code[i].u.value);
```

```
        return;
    case 2:
        printf(",%d", code[i].u.addr.level);
        printf(",%d\n", code[i].u.addr.addr);
        return;
    case 3:
        switch(code[i].u.optr){
        case neg: printf(",neg\n"); return;
        case add: printf(",add\n"); return;
        case sub: printf(",sub\n"); return;
        case mul: printf(",mul\n"); return;
        case div: printf(",div\n"); return;
        case odd: printf(",odd\n"); return;
        case eq: printf(",eq\n"); return;
        case ls: printf(",ls\n"); return;
        case gr: printf(",gr\n"); return;
        case neq: printf(",neq\n"); return;
        case lseq: printf(",lseq\n"); return;
        case greq: printf(",greq\n"); return;
        case wrt: printf(",wrt\n"); return;
        case wrl: printf(",wrl\n"); return;
        }
    }
}

void execute()                          /* 目的コード(命令語)の実行 */
{
    int stack[MAXMEM];                  /* 実行時スタック */
    int display[MAXLEVEL];
                    /* 現在見える各ブロックの先頭番地のディスプレイ */
    int pc, top, lev, temp;
    Inst i;                             /* 実行する命令語 */
    printf("start execution\n");
    top = 0;  pc = 0;
                /* top: 次にスタックに入れる場所, pc: 命令語のカウンタ */
    stack[0] = 0;  stack[1] = 0;
              /* stack[top] は callee で壊すディスプレイの退避場所 */
              /* stack[top+1] は caller への戻り番地 */
    display[0] = 0;                     /* 主ブロックの先頭番地は 0 */
```

```
  do {
     i = code[pc++];                  /* これから実行する命令語 */
     switch(i.opCode){
     case lit: stack[top++] = i.u.value;
            break;
     case lod: stack[top++] = stack[display[i.u.addr.level]
                                   + i.u.addr.addr];
            break;
     case sto: stack[display[i.u.addr.level]
                              + i.u.addr.addr] = stack[--top];
            break;
     case cal: lev = i.u.addr.level +1;
              /*  i.u.addr.level は callee の名前のレベル */
              /*  callee のブロックのレベル lev はそれに＋1したもの */
            stack[top] = display[lev];
                                         /* display[lev] の退避 */
            stack[top+1] = pc; display[lev] = top;
                          /* 現在の top が callee のブロックの先頭番地 */
            pc = i.u.addr.addr;
            break;
     case ret: temp = stack[--top];
                              /* スタックのトップにあるものが返す値 */
            top = display[i.u.addr.level];
                              /* top を呼ばれたときの値に戻す */
            display[i.u.addr.level] = stack[top];
                              /* 壊したディスプレイの回復 */
            pc = stack[top+1];
            top -= i.u.addr.addr;
                              /* 実引数の分だけトップを戻す */
            stack[top++] = temp;
                              /* 返す値をスタックのトップへ */
            break;
     case ict: top += i.u.value;
            if (top >= MAXMEM-MAXREG)
               errorF("stack overflow");
            break;
     case jmp: pc = i.u.value; break;
     case jpc: if (stack[--top] == 0)
               pc = i.u.value;
```

```
            break;
        case opr:
            switch(i.u.optr){
            case neg: stack[top-1] = -stack[top-1]; continue;
            case add: --top;  stack[top-1] += stack[top];
                      continue;
            case sub: --top; stack[top-1] -= stack[top];
                      continue;
            case mul: --top;  stack[top-1] *= stack[top];
                      continue;
            case div: --top;  stack[top-1] /= stack[top];
                      continue;
            case odd: stack[top-1] = stack[top-1] & 1; continue;
            case eq: --top;  stack[top-1] = (stack[top-1]
                                           == stack[top]); continue;
            case ls: --top;  stack[top-1] = (stack[top-1]
                                            < stack[top]); continue;
            case gr: --top;  stack[top-1] = (stack[top-1]
                                            > stack[top]); continue;
            case neq: --top;  stack[top-1] = (stack[top-1]
                                           != stack[top]); continue;
            case lseq: --top;  stack[top-1] = (stack[top-1]
                                           <= stack[top]); continue;
            case greq: --top;  stack[top-1] = (stack[top-1]
                                           >= stack[top]); continue;
            case wrt: printf("%d", stack[--top]); continue;
            case wrl: printf("\n"); continue;
            }
        }
    } while (pc != 0);
}
```

参考文献

［Aho 07］ Aho, Lam, Sethi, Ullman: Compilers — Principles, Techniques, & Tools, Second Edition Addison Wesley, 2007（原田賢一訳：コンパイラ — 原理・技法・ツール［第2版］，サイエンス社，2009）

［ALGOL 60］ Naur, P. et al. : Report on the algorithmic language ALGOL 60, Comm. ACM, vol. 3, no. 5, pp. 299－314, 1960.

［antlr］ http://www.antlr.org/

［coins］ http://coins-compiler.osdn.jp/index.html

［Con 63］ Conway, M. E. : Design of a Separable Transition–Diagram Compiler, Comm. ACM, vol. 6, no. 7, pp. 396－408, 1963.

［DeRem 71］ DeRemer, F. L. : Simple LR（k）Grammars, Comm. ACM, vol. 14, no. 7, pp. 453－460, 1971.

［Floyd 63］ Floyd, R. W. : Syntactic Analysis and Operator Precedence, J. ACM, vol. 10, no. 7, pp. 316－333, 1963.

［JavaCC］ https://javacc.org/

［JIS C 03］ JIS X 3010－2003 プログラム言語 C
これは，ISO/IEC 9899（Information technology–Programming languages–C）を翻訳したものである．

［John 75］ Johnson, S. C. : Yacc — Yet Another Compiler Compiler, Comp. Sci. Tech. Rep. 32, Bell Laboratories, 1975.

［JW 78］ Jensen, K. and Wirth, N. : Pascal User Manual and Report, 2nd edition. Springer–Verlag, 1978.

［Knuth 65］ Knuth, D. E. : On the Translation of Languages from Left to Right, Information and Control, vol. 8, no. 6, pp. 607－639, 1965.

［KR 88］ Kernighan, B. W. and Ritchie, D. : The C Programming Language, Second Edition, Prentice–Hall, 1988.
石田晴久訳：プログラミング言語 C 第2版，共立出版，1989.

［Lev 90］ Levine, J. R., Mason, T. and Brown, D. : lex & yacc, O'Reilly & Associates, 1990.（村上列訳：lex & yacc プログラミング，アスキー出版局，1995.）

［Lex］ http://dinosaur.compilertools.net/lex/index.html

［llvm］ http://llvm.org/

［LRS 76］ Lewis, P. M. II, Rosenkrantz, D. J. and Stearns, R. E. : Compiler Design Theory, Addison Wesley, 1976.

[LS 68] Lewis, P. M. II and Stearns, R. E. : Syntax–Directed Transductions, J. ACM, vol. 15, no. 7, pp. 465–488, 1968.

[Moss 90] H. Mossenbock : Coco/R — A generator for Fast Compiler Front–Ends, Report 127, Institut fur Computersysteme, ETH Zurich, 1990.

[中田 81] 中田育男：コンパイラ，産業図書，1981.

[中田 86] 中田育男，佐々政孝：意味規則付き正規表現とデータ構造直結型プログラムへの応用，コンピュータソフトウェア，3 巻 1 号，pp. 47–56，1986.

[中田 93] 中田育男：拡張正規表現によるパターンマッチングアルゴリズムの生成，コンピュータソフトウェア，10 巻 1 号，pp. 63–67，1993.

[中田 08] 中田育男，渡邊坦，佐々政孝，滝本宗宏：コンパイラの基盤技術と実践　コンパイラ・インフラストラクチャ COINS を用いて，朝倉書店，2008

[中田 09] 中田育男：コンパイラの構成と最適化，第 2 版，朝倉書店，2009

[西原 80] 西原清一：ハッシングの技法と応用，情報処理，21 巻 9 号，pp. 980–991，1980.

[Parr 09] Terence Parr : Language Implementation Patterns — Create Your Own Domain–Specific and General Progamming Languages, The Pragmatic Bookshelf, 2009（中田育男監訳，伊藤真浩訳：言語実装パターン — コンパイラ技術によるテキスト処理から言語実装まで，オライリー・ジャパン，2011）

[pl0 javacc] オーム社 Web サイトに掲載

[pl0 yacc] オーム社 Web サイトに掲載

[五月女 96] 五月女健治：yacc/lex プログラムジェネレータ on Unix，テクノプレス，1996

[五月女 03] 五月女健治：JavaCC コンパイラ・コンパイラ for Java，テクノプレス，2003

[SB 60] Samelson, K. and Bauer, F. L. : Sequential Formula Translation, Comm. ACM. vol. 3, no. 2, pp. 76–83, 1960.

[湯浅 14] 湯浅太一：コンパイラ，オーム社，2014

[Wirth 71] Wirth, N. : The Design of a PASCAL Compiler, Software — Practice and Experience, vol. 1, pp. 309–333, 1971.

[Wirth 76] Wirth, N. : Algorithms + Data Structures = Programs, Prentice–Hall, 1976. 片山卓也訳：アルゴリズム＋データ構造＝プログラム，日本コンピュータ協会，1980.

[Wirth 86] N. Wirth : Compilerbau, 4th edition, Teubner Studienbucher, 1986.

演習問題略解

■1章

1.

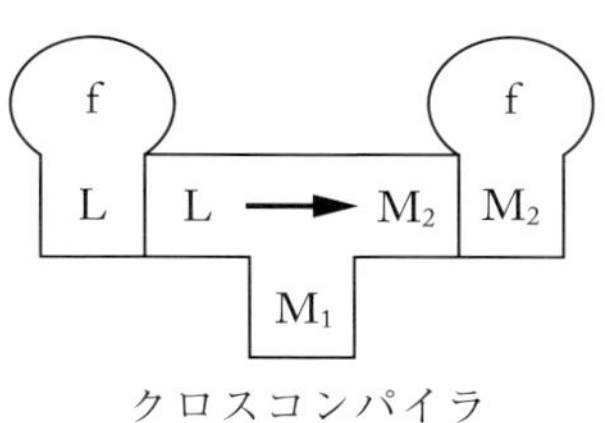

2.

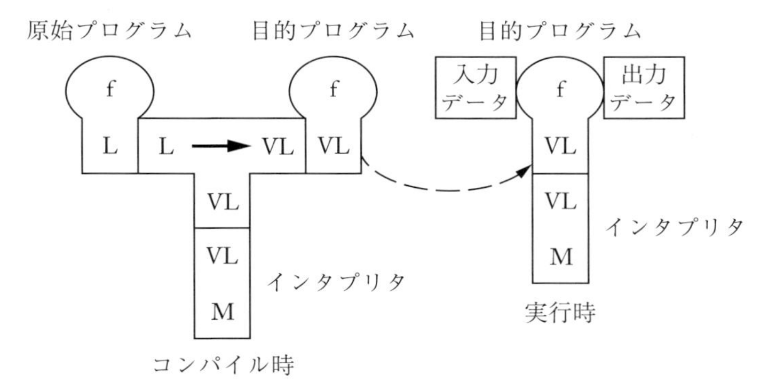

■2章

1.

(1) abc＊＋　(2) ab＋c＊d＋　(3) abc＊de＋＊＋

(4) ab＊c＊d＋e＋

2.

(1) (a＋b)＊c　(2) a＊(b＋c)－(d/e＋f)　(3) a/(b－c＊(d＋e))

(4) ((a－b)/c＋d)＊e

3. 省略.

4. 省略.

■3章

1.

(1) S → D | SD

D → 0 | 1 | 2 | 3 | 4 | 5 | 6 | 7 | 8 | 9

(2) S → D | NT

T → D | TD

N → 1 | 2 | 3 | 4 | 5 | 6 | 7 | 8 | 9

D → 0 | N

(3) S → N | SD

2.

(i)

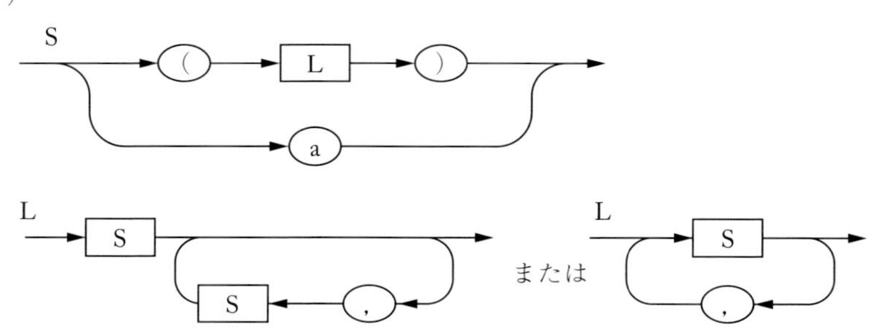

(ii)

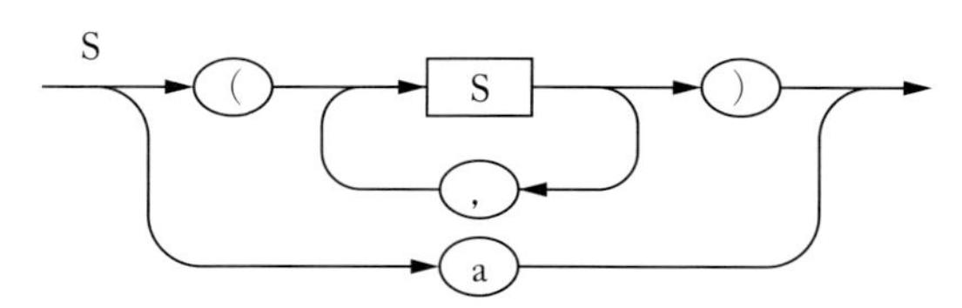

(iii) a や (a, a) や (a, (a, a), ((a), a)) など，いわゆる Lisp の S 表現の形.

3．終端記号は「( )a,」の4つ．非終端記号は「S L」．

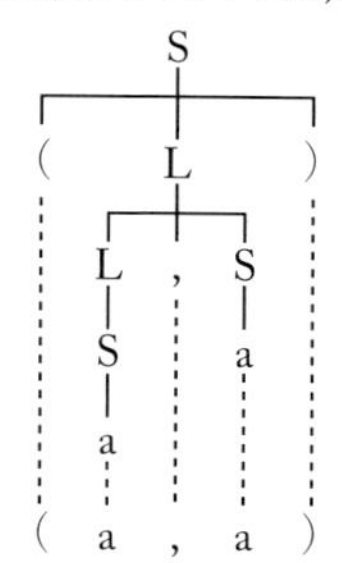

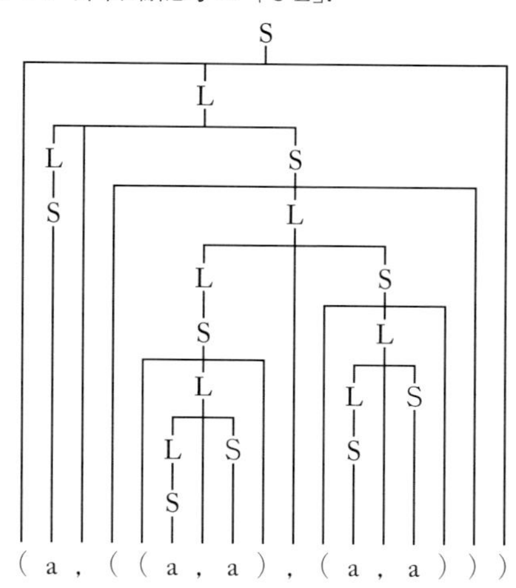

4．

{E → EE＋ | EE＊ | a | b | c}

5．

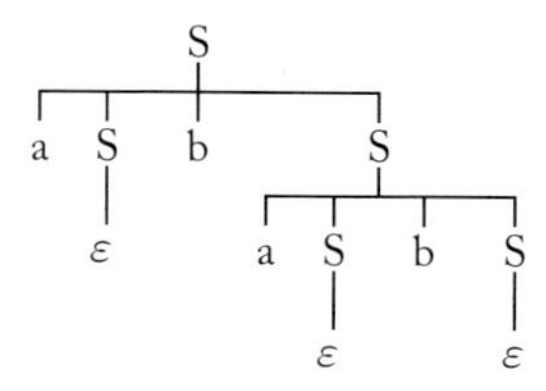

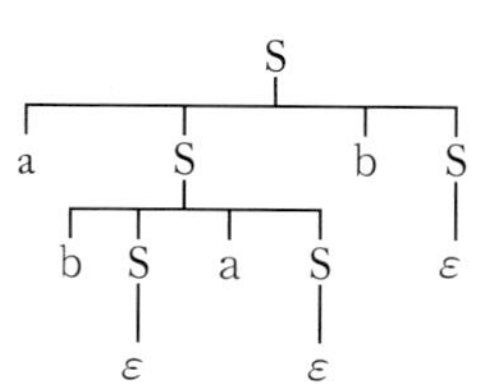

6．

$L(G)=\{a^m b^m b^n a^n \mid m \geq 1, n \geq 0\}$

$L(G)=\{a^m c^n b^n b^m \mid m \geq 0, n \geq 1\}$

$L(G)=\{(ab)^n a \mid n \geq 0\}$

7．

（**i**）

$V_N=\{B, C, D\}$

$V_T=\{\vee, \wedge, \neg, (,), a, b\}$

(ii)

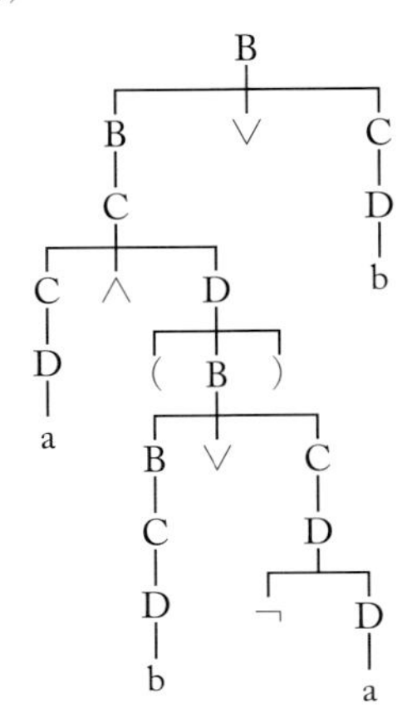

(iii) ∨を論理和，∧を論理積，¬を否定の演算子と考えたときの，通常の論理式の形をしたものの集合.

(iv) たとえば，もとの文法では b∧¬a や ¬¬a という文（論理式としては通常考えられる形）が生成できるが，C → ¬C では前者が生成できないし，C → ¬D では 2 つとも生成できない.

8.

$$
\begin{aligned}
P=\{&E \to E+T \mid T\\
&T \to T*B \mid B\\
&B \to F\uparrow B \mid F\\
&F \to (E) \mid a \mid b \mid c\}
\end{aligned}
$$

■4章

1.

(1) $a(a \mid b \mid c)^*c$

(2) $(a \mid b \mid c)^*(aa \mid bb)(a \mid b \mid c)^*$

(3) $(b \mid c)^*a(b \mid c)^*(a(b \mid c)^*a(b \mid c)^*)^*$

(4) $1(0 \mid 1)^*(0 \mid 1)(0 \mid 1)0$

2.

（**1**）

NFA

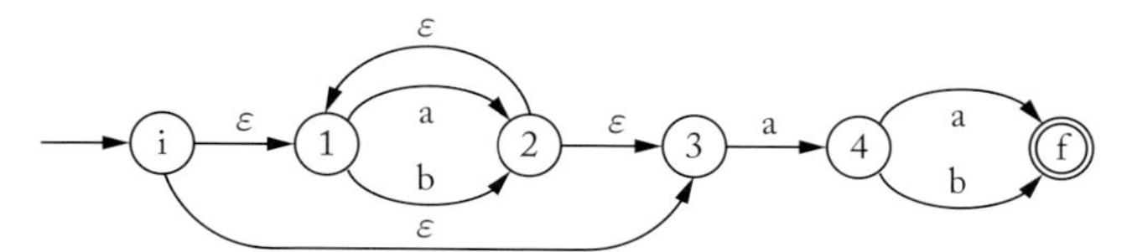

DFA

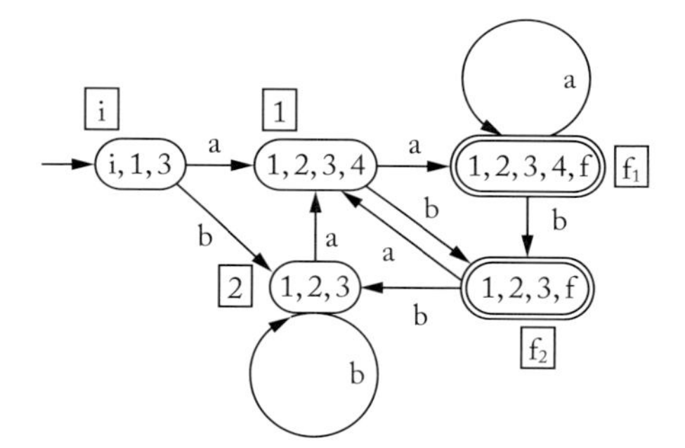

状態遷移表

状態	a 遷移	b 遷移
i	1	2
1	f_1	f_2
2	1	2
f_1	1	2
f_2	f_1	f_2

状態数最小の DFA

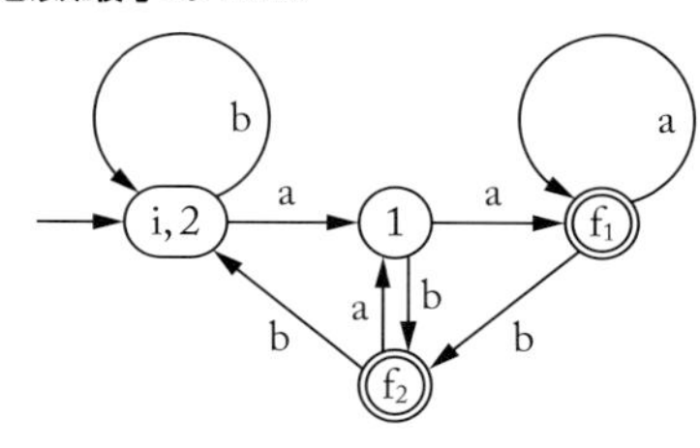

以下の（2）～（5）では（a），（b）の解答を省略し，（c）の解答のみ示す．

（**2**）

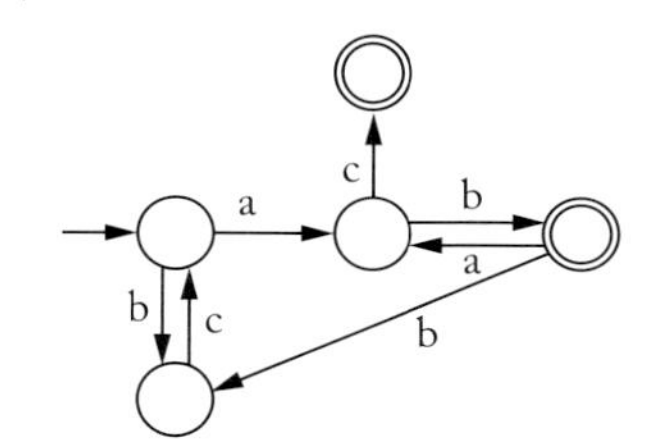

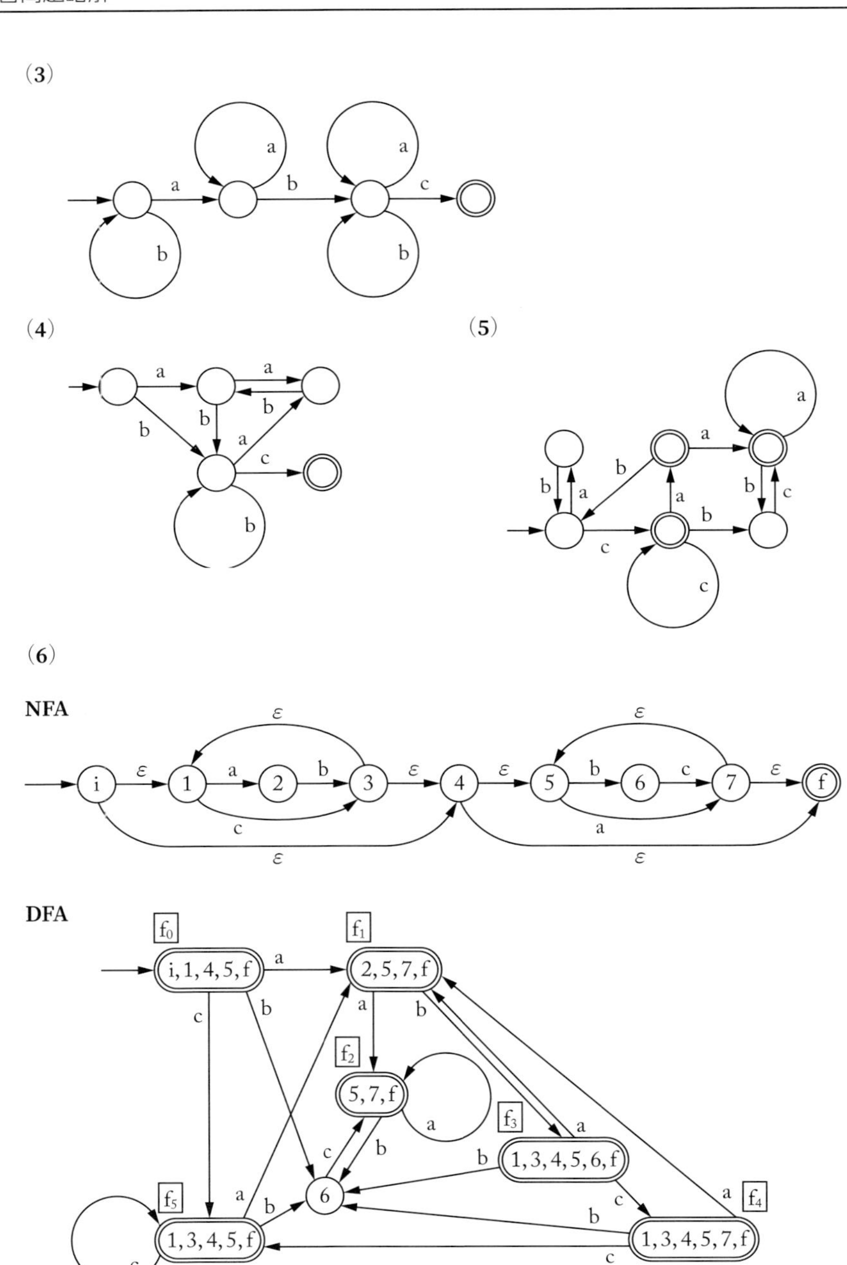
(3)
(4)
(5)
(6)
NFA
i
1
2
3
4
5
6
7
f
DFA
f_0
i, 1, 4, 5, f
f_1
2, 5, 7, f
f_2
5, 7, f
f_3
1, 3, 4, 5, 6, f
f_4
1, 3, 4, 5, 7, f
f_5
1, 3, 4, 5, f
6

状態遷移表

状態	a 遷移	b 遷移	c 遷移
1			f_2
f_0	f_1	1	f_5
f_1	f_2	f_3	
f_2	f_2	1	
f_3	f_1	1	f_4
f_4	f_1	1	f_5
f_5	f_1	1	f_5

状態数最小の DFA

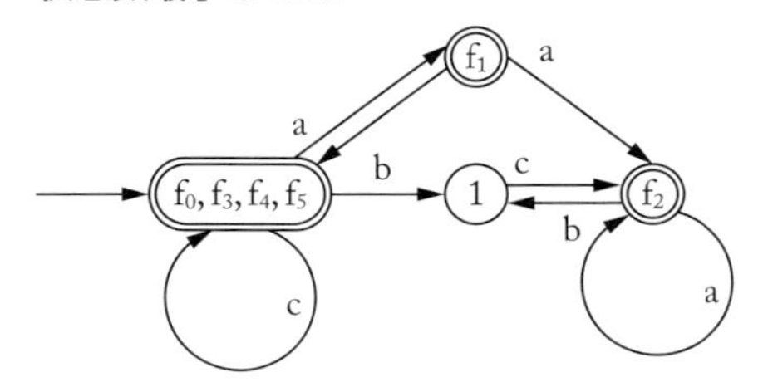

3．単語を区別しない NFA

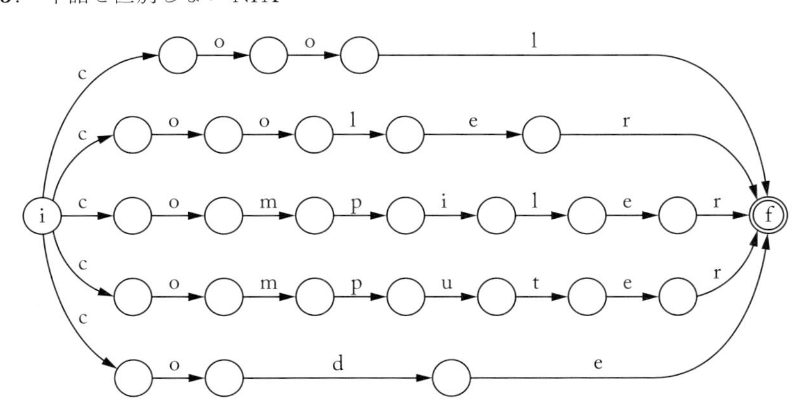

単語を区別しない DFA

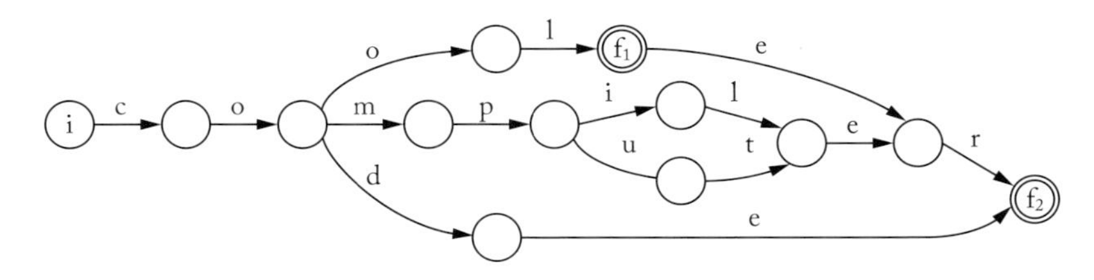

単語を区別する NFA

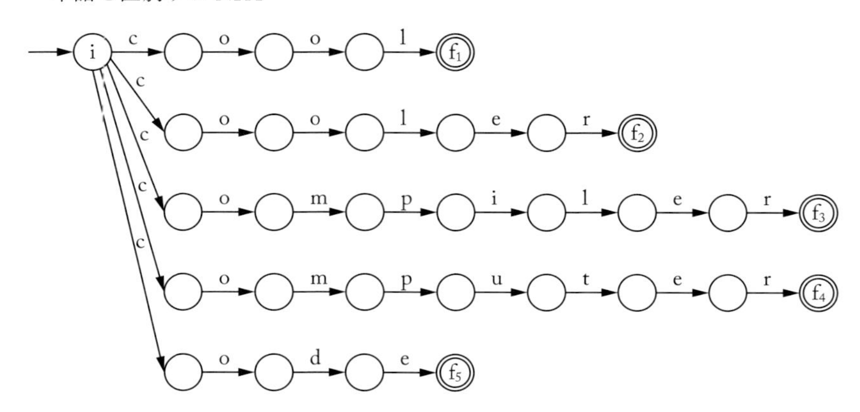

単語を区別する DFA

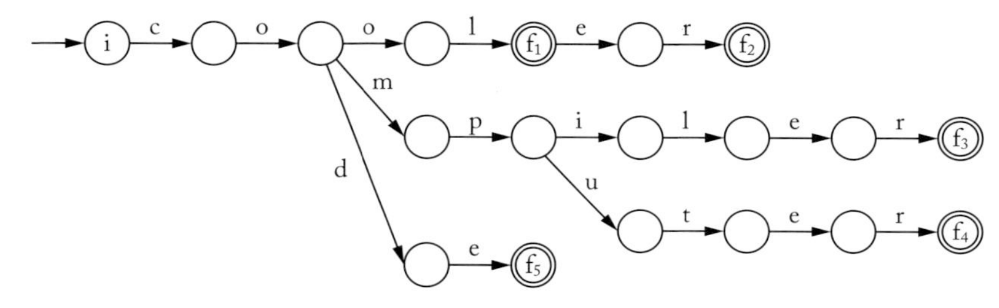

4. 省略.

■ 5章

1.

右辺が複数個ある非終端記号の Director とそれに関連するものについてのみ記す.

(1)

First(C) = {c, ε}, First(B) = {b}, Follow(B) = {d}, Follow(C) = Follow(B) = {d}

Director(C, c) = {c}, Director(C, ε) = Follow(C) = {d}

LL(1)文法である.

(2)

First(C) = {c, ε}, First(B) = {b}, Follow(B) = {c}, Follow(C) = Follow(B) = {c}

Director(C, c) = {c}, Director(C, ε) = Follow(C) = {c}

LL(1)文法でない.

(**3**)

First(B) = {b, ε}, First(A) = {a, ε}, Follow(A) = {b, a}, Follow(B) = {a}

Director(A, a) = {a}, Director(A, ε) = Follow(A) = {b, a}

Director(B, b) = {b}, Director(B, ε) = Follow(B) = {a}

LL(1)文法でない.

(**4**)

First(B) = {b, ε}, First(A) = {a, b, ε}, Follow(A) = {c}, FoIlow(B) = {a, c}

Director(A, a) = {a}, Director(A, B) = {b, c}, Director(A, ε) = Follow(A) = {c}

Director(B, b) = {b}, Director(B, ε) = Follow(B) = {a, c}

LL(1)文法でない.

(**5**)

First(C) = {c, d, ε}, First(B) = {b, c, d, ε}, First(S) = {a, b, c, d, ε},

Follow(S) = Follow(B) = Follow(C) = {$, e}, Director(S, aSe) = {a},

Director(S, B) = {b, c, d, e, $}, Director(B, bBe) = {b}, Director(B, C) = {c, d, e, $},

Director(C, cCe) = {c}, Director(C, d) = {d}, Director(C, ε) = {e, $}

LL(1)文法である.

2.

```
void L()
{
    S();
    while (nextToken == ','){
        nextToken = getToken();
        S();
    }
}

void S()
{
    if (nextToken == '('){
        nextToken = getToken();
        L();
        if (nextToken == ')')
            nextToken = getToken();
        else
            error();
```

```
    }
    else if (nextToken == 'a')
        nextToken = getToken();
    else
        error();
}
```

3.

	First	Follow
E	**not** (i	$)
E′	**or** ε	$)
T	**not** (i	**or** $)
T′	**and** ε	**or** $)
F	**not** (i	**and or** $)

左再帰性を取り除いた文法	Director
E → TE′	**not** (i
E′ → **or** T [**or**] E′	**or**
E′ → ε	$)
T → FT′	**not** (i
T′ → **and** F [**and**] T′	**and**
T′ → ε	**or** $)
F → **not** F [**not**]	**not**
F → (E)	(
F → i [i]	i

```
void F()
{
    if (nextToken == "not"){
        nextToken = getToken();
        F();
        putToken("not");
    }
    else if (nextToken == "("){
        nextToken = getToken();
        E();
        if (nextToken == ")")
            nextToken = getToken();
        else
            error();
    }
    else if (nextToken = "i"){
        nextToken = getToken();
        putToken("i");
```

```
    }
    else
        error();
}
```

```
void E()
{
    T();
    while (nextToken == "or"){
        nextToken = getToken();
        T();
        putToken ("or");
    }
}
void T()
{
    F();
    while (nextToken == "and"){
        nextToken = getToken();
        F();
        putToken("and");
    }
}
```

4.

First(elsepart) = {**else**, ε}, Follow(statement) ⊃ First(elsepart) − {ε} = {**else**},

Follow(elsepart) ⊃ Follow(statement) ⊃ {**else**}

Director(elsepart, **else** statement) = {**else**}

Director(elsepart, ε) = Follow(elsepart) ⊃ {**else**}

elsepart の 2 つの Director に共通部分があるので LL(1) 文法ではない．

このプログラム `elsepart()` では，**else** を見たとき 2 つの Director のうちの Director(elsepart, **else** statement) を選択している．これは，その **else** に近い **then** を対応させることを意味する．図 3.3 の例

if C_1 **then** **if** C_2 **then** S_1 **else** S_2

の構文解析の過程で，`elsepart()` が呼ばれるのは，2 番目の **if** から始まる

statement の解析中で S_1 の構文解析が済んだ直後である．そのとき *elsepart()* で **else** S_2 の構文解析をすることになるが，これは，いま読んだ **else** を 2 番目の **then**（その **else** に近い **then**）と組み合わせることになる．

5．

(1)

Director(S, +SS) = {+}, Director(S, ∗SS) = {∗}, Director(S, i) = {i}

でこれらの Director に共通部分はないから LL(1) 文法である．

(2)

S → +[(]S[+]S[)] | ∗S[∗]S | i[i]

(3)

S → +S[+]S | ∗T[∗]T | i[i]

T → +[(]S[+]S[)] | ∗T[∗]T | i[i]

(4)

S → −S[−]T | ∗T[∗]T | i[i]

T → −[(]S[−]T[)] | ∗T[∗]T | i[i]

■ 6 章

省略.

■ 7 章

省略.

■ 8 章

省略.

索引

サ 行

タ・ナ行

〈著者略歴〉

中田育男（なかた いくお）

昭和33年　東京大学理学部数学科卒業
昭和35年　東京大学大学院数物系研究科修士課程修了
日立製作所入社（中央研究所勤務）
昭和48年　日立製作所システム開発研究所勤務
昭和52年　理学博士
昭和54年　筑波大学電子・情報工学系教授
平成9年　図書館情報大学教授
平成12年　法政大学情報科学部教授
平成18年　法政大学情報科学研究科客員教授
現　在　筑波大学名誉教授

コンパイラ
—作りながら学ぶ—

2017年10月25日　第1版第1刷発行
2019年10月30日　第1版第3刷発行

著　者　中田育男
発行者　村上和夫
発行所　株式会社オーム社
郵便番号　101-8460
東京都千代田区神田錦町3-1
電話　03(3233)0641(代表)
URL https://www.ohmsha.co.jp/

印刷・製本　中央印刷
ISBN978-4-274-22116-3　Printed in Japan